L'AVENTURE DE L'ARCHÉOLOGIE

L'AVENTURE DE L'ARCHÉOLOGIE

Brian M. Fagan

Traduit par Marie-Françoise Dispa

Bordas

NATIONAL GEOGRAPHIC SOCIETY

Edition française:
L'aventure de l'archéologie
© 1988 Bordas
ISBN 2-04-012964-0
Dépôt légal: septembre 1988

Coordination générale: Alain de Gueldre
Edition, bibliographie et index: Joëlle Fayt
Production: Bernard Fasbender,
assisté de Sylvie Bayer
Corrections: Benoît Othmar-Krantzen

Photocomposition: Photocompocenter (Bruxelles)
Impression et reliure: Mohndruck Graphische Betriebe GmbH (Gütersloh)
Imprimé en République fédérale d'Allemagne
Achevé d'imprimer en août 1988

Page précédente: Frederick Catherwood, un des premiers explorateurs des ruines mayas au Mexique et en Amérique Centrale, publia en 1844 ce dessin intitulé *Tête colossale à Izamal.*

Edition originale:
The adventure of archaeology
© 1985 National Geographic Society (Washington, DC)
ISBN 0-87044-603-7 et 0-87044-604-5

Coordination générale: Carol Bittig Lutyk,
assistée de David F. Robinson
Direction artistique: David M. Seager
Coordination artistique: Louise Madison Washburn
Illustrations: Linda B. Meyerriecks,
assistée de Greta Arnold et de Diana E. McFadden
Recherches: Jean Kaplan Teichroew,
assistée de Paulette L. Claus, Mary R. Lamberton,
Mary Lunders, Suzanne Kane Poole, Judy A. Reardon,
Lise Swinson Sajewski, John G. Shaffer,
Carol Skowron et Penelope A. Timbers
Rédaction complémentaire: Lynn R. Addison,
Mary B. Dickinson, Edward Lanouette,
Elizabeth L. Newhouse et Shirley L. Scott
Production: Richard S. Wain, assisté d'Andrea Crosman
Cartes: John D. Garst Jr, Judith F. Bell,
Peter J. Balch, Patricia K. Cantley,
D. Mark Carlson, Donald L. Carrick,
Margaret B. Pierce et Martin S. Walz
Photographies: Jonathan Blair, Ira Block et autres
Dessins: Thomas Blackshear et Michael A. Hampshire
Conseillers: George E. Stuart et Werner L. Janney
Contributions diverses: Thomas B. Allen,
Elisabeth B. Booz, Andrew H. Brown,
Louisa C. Clayton, Richard M. Crum,
Caroline Hottenstein, Robert M. Poole,
Peter L. Porteous, Deborah L. Robertson,
Margaret Sedeen, Kim E. Shelsby,
Susan E. Sidman et Jonathan B. Tourtellot

Sommaire

Syrie, 1977 : la pleine lune baigne de sa lumière fantomatique les ruines d'Ebla, un centre commercial d'il y a 4 400 ans, qui fait l'objet de fouilles

depuis 1964.

SUR LES TRACES DES PREMIERS HOMMES

«**NOUS VOICI** face à un monde neuf et totalement inconnu... Un empire qui modifie à tout jamais notre conception de l'histoire ancienne.» Ces paroles, combien d'archéologues ont pu les prononcer? Combien ont connu cette ivresse de la découverte qui envahit Paolo Matthiae, de l'université de Rome, une nuit qu'il contemplait, en Syrie, les ruines de la cité d'Ebla baignée par la lune? Car Matthiae avait en effet misé sur le bon numéro: le site d'Ebla recelait, concernant le troisième millénaire avant J.-C., le plus vaste ensemble d'archives jamais exhumé — plus de 15 000 tablettes et fragments portant des inscriptions cunéiformes. Par-delà les brumes du temps, elles ressuscitaient un royaume dont les souverains avaient autrefois dominé, depuis Ebla, la plus grande partie du Proche-Orient.

C'est à de telles découvertes que l'archéologie doit son pouvoir de fascination. Irrésistiblement attiré par le passé, tout archéologue vit dans l'espoir d'éprouver un jour, à son tour, le frisson des grands découvreurs. Sans doute devra-t-il souvent se contenter, en fait de trouvailles, de quelques grains de pollen fossiles ou de graffiti sur un vieux mur mais, pour le grand public, l'archéologie évoque des squelettes grimaçants et des messages mystérieux venus du fond des âges, et les profanes se représentent immanquablement les archéologues dans un univers de cités perdues, d'idoles étranges et de richesses enfouies. Qu'en est-il vraiment? Quels ont été les débuts de l'archéologie et comment a-t-elle acquis cette aura de romanesque et d'aventure? C'est à ces questions que se propose de répondre ce livre.

Il y a cent cinquante ans, lorsqu'un fouilleur choisissait un site et se mettait à creuser, c'était avec l'ambition avouée de faire une découverte qui attirerait sur lui tous les regards. L'archéologue moderne, lui, n'est pas obsédé par le spectaculaire, et des objets aussi prosaïques qu'un tesson de poterie ou une rafle de maïs préhistorique ont droit à toute son attention, car c'est à de tels détails qu'il doit de pouvoir déterminer, par exemple, si un tailleur de pierre était gaucher ou à quelle saison un camp temporaire était occupé.

Ces informations ne sont toutefois qu'une partie du puzzle compliqué de l'archéologie, dont nombre de pièces proviennent d'autres disciplines. Les géologues recréent les paysages de l'Europe d'il y a 50 000 ans tels que les ont vus nos ancêtres du Paléolithique moyen; l'examen de grains de pollen microscopi-

ques permet aux botanistes de reconstituer la végétation du détroit de Béring à l'époque où celui-ci reliait l'Asie à l'Amérique du Nord ; et les métallurgistes démontrent que, voici plus de 2 000 ans, les forgerons africains corroyaient déjà le fer.

En 1846, un humoriste définit l'archéologie comme « la science des déchets ». Il n'avait pas tout à fait tort, car les archéologues passent beaucoup de temps à fouiller dans les détritus du passé, penchés sur les restes des hominidés, autant humains qu'anthropoïdes. Pour arriver à une meilleure connaissance des sociétés humaines, ils étudient tout ce qu'ont laissé derrière eux les peuples qui ont vécu et sont morts au cours des deux millions d'années écoulées depuis l'apparition de l'homme sur la Terre. Des restes matériels qu'ils appellent « artefacts » ou « objets façonnés » parce que, de l'épingle à la pyramide, ils ont été fabriqués ou modifiés par l'homme.

A ses débuts, l'archéologie ne se posait que deux questions : « quand et où ? » Aujourd'hui, elle s'intéresse avant tout au comment et au pourquoi. Lorsque, dans les années 1920, Leonard Woolley entreprit d'explorer l'ancienne cité du Proche-Orient que la Bible appelle Ur en Chaldée, il n'était assisté que d'une poignée d'experts européens, mais ses terrassiers se comptaient par centaines. A l'heure actuelle, des fouilles de cette importance impliqueraient sans doute la collaboration d'une foule d'archéologues, d'architectes, de biologistes, d'écologistes, de linguistes, de géologues et de géomètres — et elles déplaceraient beaucoup moins de terre. L'archéologue d'autrefois a presque totalement disparu, laissant la place à des équipes pluridisciplinaires, qui ne tiennent pas seulement à décrire le passé, mais aussi à l'expliquer.

Les collectionneurs des siècles passés étaient des généralistes : des artefacts d'Amérique du Nord aux poteries romaines, tout les intéressait. Mais leurs successeurs modernes se flattent d'être des spécialistes. Certains, qui se baptisent préhistoriens, n'étudient que les sociétés antérieures à l'écriture et, parmi eux,

Une équipe archéologique en plein travail (ci-dessus), *dans la maison de Monticello, en Virginie, où le président américain Thomas Jefferson s'était retiré à la fin de sa vie. Après avoir ramolli le sol au moyen d'un pulvérisateur à eau, un des fouilleurs, couché sur le ventre, y creuse une potelle. D'autres sondent des caves à provisions, sur Mulberry Row, site du fumoir et de la laiterie du domaine, du quartier des esclaves, de la menuiserie et d'une clouterie dotée d'une des premières machines à décolleter les clous. Des gobelets et des* boîtes en carton (page de gauche) *servent au rangement des trouvailles. Chaque boîte réunit des éléments prélevés en un même point du site et à une même profondeur. Les gobelets permettent une répartition par matières : céramique, métal, verre, os, pierre et restes organiques (graines ou coquilles d'huîtres). Pour exhumer des objets fragiles, les archéologues procèdent avec délicatesse. Sur un site crétois* (ci-contre), *un fouilleur utilise quelques poils de son pinceau pour nettoyer un objet qu'il vient de mettre au jour.*

les paléoanthropologues se focalisent sur les premières cultures humaines. Les archéologues de l'histoire, en revanche, ne se passionnent que pour les sociétés qui ont laissé des écrits. Sur des sites comme les cités médiévales européennes ou les forts de la *Frontière* américaine, ils travaillent la main dans la main avec les historiens. L'archéologie englobe toutes les époques et toutes les parties du monde, depuis la première empreinte de pied d'un hominidé en Afrique il y a 3 600 000 ans, jusqu'aux épaves de navires romains qui reposent au fond de la Méditerranée.

La science de l'archéologie est née d'une curiosité persistante face aux origines de l'humanité. De tout temps, chaque société a eu sa manière propre d'expliquer l'existence de l'homme et du monde. «Au commencement», raconte une légende tahitienne, «il n'y avait que Ta'aroa, qui n'avait pas d'ancêtres, qui s'était créé lui-même, ainsi que les choses et les êtres». Et l'Ancien Testament fait vaguement écho à des traditions tribales mésopotamiennes qui tournent autour d'un créateur unique et d'un grand déluge. En fait, la plupart des sociétés se sont satisfaites de leurs origines légendaires. C'est pourquoi cette enquête dans le passé qu'est l'archéologie est longtemps restée un phénomène spécifique de l'Europe occidentale.

Mais il n'y a pas de règle sans exceptions. Au sixième siècle avant J.-C., Nabonide de Babylone devint sans le savoir un des premiers archéologues de l'histoire. Souverain sans génie mais profondément religieux, il fit reconstruire la ziggourat d'Ur et entreprit des travaux pour retrouver, à Akkad près de Babylone, le temple de la déesse Ishtar. Ses terrassiers peinaient en vain depuis trois ans quand des pluies torrentielles ouvrirent une tranchée dans le tell qu'ils fouillaient, mettant au jour les fondations du sanctuaire. Nabonide dut alors connaître le frisson du succès car, d'après un texte de l'époque, la découverte «emplit de joie le coeur du roi, et son visage s'illumina».

Manifestement, les Babyloniens avaient conscience que l'histoire, avec ses immenses richesses, gisait sous leurs pieds. Les Grecs et les Romains, qui s'interrogeaient sur les origines de l'humanité, considéraient le Nil comme le berceau de la civilisation. De Rome, les touristes affluaient sur les rives du grand fleuve, avides de contempler les pyramides de Giza et de savourer les plaisirs d'Alexandrie.

Mais, dès la chute de Rome, ce flirt avec l'archéologie prit fin, supplanté par le récit de la création et du Jardin d'Eden. A jamais bannis du Paradis terrestre, nos ancêtres s'étaient répandus dans le monde entier, ce qui expliquait la diversité des races humaines. Sur cette base, il était possible d'édifier une histoire aussi simple que brève. «Le temps, nous pouvons le comprendre», écrivait en 1643 le médecin anglais sir Thomas Browne. «Il n'a que cinq jours de plus que nous-mêmes.» A la même époque, l'archevêque irlandais James Ussher calcula, en se fondant sur les longues généalogies de l'Ancien Testament, que le monde avait été créé en l'an 4004 avant J.-C., le soir du 22 octobre !

Browne et Ussher étaient, l'un comme l'autre, imprégnés de la connaissance de la Grèce antique et de Rome, car la Renaissance avait renoué avec les études classiques et ouvert de nouvelles portes sur le passé. De tous les coins d'Europe, collectionneurs et érudits, nobles et prélats n'hésitaient pas à pousser jusqu'à la Méditerranée, afin d'en ramener des antiquités pour décorer leurs demeures. Leur race est d'ailleurs loin d'être éteinte.

Bientôt, il fut considéré comme de bon ton d'être «antiquaire», c'est-à-dire de collectionner ou d'étudier les choses anciennes. Seuls les voyageurs riches, toutefois, pouvaient s'offrir des trésors classiques, les collectionneurs plus humbles en étant réduits à prospecter leurs propres régions. En Angleterre, ils découvrirent des monnaies et des inscriptions romaines et, de temps à autre, des outils de bronze et de pierre qui semblaient beaucoup plus anciens. Ils étaient surtout fascinés par le vaste ensemble mégalithique de Stonehenge, dans la plaine de Salisbury, car, comme l'avait déjà avoué un écrivain du XIIe siècle, personne ne pouvait «deviner par quels moyens tant de pierres ont été élevées si haut, ni pourquoi elles ont été érigées en cet endroit».

Dès l'enfance, William Camden, pétri de ce qu'il appelait une «curiosité rétrospective», s'était passionné pour le passé. Après dix années de travail sur le terrain et d'étude des chroniques médiévales, il publia en 1586 *Britannia,* une description topographique de la Grande-Bretagne et de ses anciennes provinces celtiques. Camden s'intéressait essentiellement aux monnaies et aux inscriptions celtiques et romaines; il négligea Stonehenge, monument «délabré et battu par les vents». Bien qu'il ne lui fût jamais venu à l'idée de faire des fouilles, Camden était un excellent observateur. Lorsqu'il visita Richborough, où

Avec un pinceau, un étudiant en archéologie dépoussière les ossements d'un Indien de l'Arkansas. Pour rendre plus facile ce travail particulièrement délicat, les équipes de terrain peuvent entailler le sol autour du squelette jusqu'à ce que celui-ci se retrouve sur une sorte de piédestal. La position du squelette doit être relevée par le dessin et la photographie, en même temps que tous les objets enterrés avec lui. Les squelettes sont généralement découverts dans des tombes, mais certains peuvent être les témoins muets de guerres ou d'accidents dont les victimes, qui n'ont pas bénéficié d'une inhumation dans les formes, sont tombées avec les armes ou les outils qu'elles maniaient pendant les derniers instants de leur existence.

Un squelette, qu'il ait appartenu à un pharaon inhumé dans un tombeau hermétiquement clos ou à un marin perdu en mer, peut nous donner, sur son époque, une foule de renseignements. C'est pourquoi les chercheurs examinent les dépouilles de la tête aux pieds, attentifs à leurs caractéristiques culturelles et physiques. Des lésions crâniennes en saillie (1) *indiquent que l'individu a été scalpé. Une cage thoracique resserrée, aux côtes aplaties* (2), *révèle une femme assez soumise à la mode pour porter le corset rigide armé de baleines en usage en Europe dès le XVI*e *siècle. La forme normale du thorax est évoquée par les parties ombrées. Des doigts tordus aux articulations ulcérées* (3) *permettent de diagnostiquer une polyarthrite rhumatoïde. Les cavaliers qui ont passé toute leur vie en selle peuvent présenter des ergots* (4) *au niveau du genou. Les canaux de Havers (ici agrandis 20 fois), creusés dans l'intérieur du tissu osseux qui irrigue l'os, sont plus nombreux chez un homme âgé* (5, à droite) *que chez un jeune* (5, à gauche). *Un pied grossièrement déformé* (6) *témoigne de la coutume chinoise qui consistait à bander les pieds des femmes de haut rang, les laissant estropiées à vie. Un os ravagé par une maladie dégénérative appelée* ostéoporose (7, en bas) *apparaît plus criblé qu'un os normal* (7, en haut). *Conçu pour la maternité, le bassin de la femme* (8) *est plus large que celui de l'homme. De minces cicatrices d'accouchement dans la zone indiquée par les flèches trahissent le nombre d'enfants qu'une femme a portés. Un fémur à diaphyse épaisse* (9, à gauche) *atteste un régime riche en protéines; une diaphyse plus étroite* (9, à droite) *est l'indice d'une alimentation peu protéinée. Un cal dit «vicieux»* (10), *c'est-à-dire qui déforme l'os, est l'indice d'une fracture mal réduite. Une denture échancrée* (11) *est typique du fileur de laine qui, pour nouer les brins, se les passe entre les dents.*

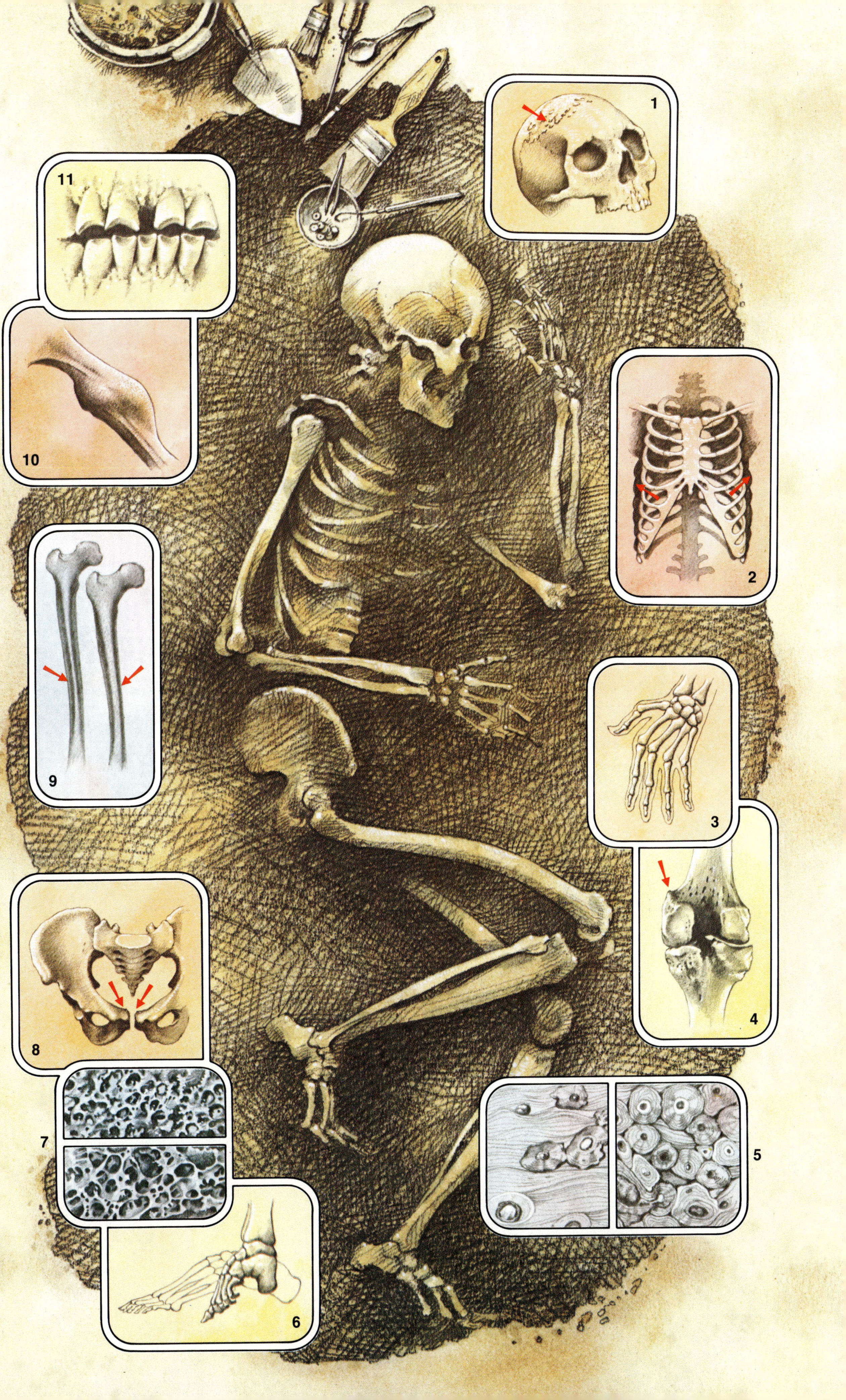

Site de Coppergate

1. Contemporain
   (de 1750 à nos jours)
2. Moderne (1550-1750)
3. Médiéval (1200-1550)
4. Normand (1067-1200)
5. Viking III (975-1067)
6. Viking II (925-975)
7. Viking I (850-925)
8. Anglien (400-850)
9. Romain (71-400)

s'était autrefois dressée une cité romaine, il n'y trouva d'abord aucun vestige de l'ancienne agglomération. Mais son attention fut attirée par les maigres céréales qui poussaient sur le site. «Il est possible de reconstituer le tracé des rues», écrivit-il, «car, là où elles passaient, les céréales sont plus clairsemées». Des siècles plus tard, le tracé végétal devait devenir, grâce à la photographie aérienne, un élément non négligeable de détection archéologique à distance.

«Ces Antiquités sont si anciennes qu'aucun Livre ne remonte jusqu'à elles», se lamentait le savant John Aubrey après le milieu du XVIIe siècle. Il avait vu Stonehenge pour la première fois à l'âge de huit ans. Quatorze ans plus tard, une chasse à courre l'entraîna par hasard jusqu'au village d'Avebury. Il fut «merveilleusement surpris» de le trouver entouré d'un large fossé, d'une levée de terre et d'enceintes circulaires de pierres massives. Comme ni Avebury ni Stonehenge n'avaient l'allure de temples romains, Aubrey jugea bon, pour les étudier, de les comparer avec des cercles similaires découverts en Ecosse et au Pays de Galles. Il en conclut que ces cercles, bâtis par d'anciens Bretons, étaient probablement des «temples druidiques». César et d'autres auteurs classiques ayant décrit les druides comme des prêtres barbares, l'explication paraissait logique. Mais à quoi pouvaient bien ressembler les Bretons eux-mêmes? Aubrey recourut à nouveau, comme les archéologues modernes, à la méthode comparative. Le résultat fut peu flatteur pour les hommes des mégalithes.

Un demi-siècle plus tard, un médecin nommé William Stukeley passa tous ses étés, de 1719 à 1725, à dresser le plan de Stonehenge et d'Avebury et à en dessiner des croquis. L'énergique praticien vécut des heures passionnantes à arpenter le terrain et à escalader les mégalithes de Stonehenge à l'aide d'une échelle, surpris de trouver les linteaux assez vastes pour qu'un danseur «à la tête solide et aux talons agiles pût y exécuter un menuet». Avide d'en savoir plus, il entreprit, au beau milieu du site, des fouilles qui mirent à nu, à une trentaine de centimètres de la surface, un sous-sol de calcaire compact, dans lequel des trous avaient été creusés pour planter les menhirs. Mais il ne disposait toujours d'aucune indication sur l'identité des bâtisseurs.

Les notes et les dessins archéologiques de Stukeley étaient exceptionnels pour l'époque. Mais sa conclusion fut qu'Avebu-

Le temps écrit lui-même son histoire dans le livre de la stratification — nom que la science donne au processus géologique par lequel, dans les terrains sédimentaires, les matériaux se disposent en couches superposées. A York, en Angleterre, des archéologues des années 1970, creusant jusqu'à 7,5 m de profondeur, ont découvert neuf strates principales d'occupation humaine.

Ci-contre, un artiste a ravivé le souvenir de quatre d'entre elles. Le centre commercial de Coppergate est le lieu de rendez-vous favori des touristes (1).
Deux couches plus bas, une foule médiévale (3) *de marchands et de curieux, attirée par la foire d'York, se presse dans les rues empierrées. L'enseigne qui se balance au-dessus des têtes des touristes* — «Jorvik Viking Centre» — *les invite à visiter un musée installé sous les boutiques, à un niveau habité il y a un millier d'années par les Vikings* (6).

Dans le «Jorvik» *de l'époque, dont la consonance se retrouve dans* «York», *une famille viking est rassemblée autour d'un métier à tisser. Sa ville entretient des relations commerciales avec des ports lointains, et même avec le Proche-Orient. Trois strates et huit siècles les séparent de l'antique Eboracum* (9), *où un soldat romain assiste à des funérailles près d'une forteresse romaine fondée en 71 ap. J.-C.*

Des étages empilés comme des matefaims (ci-dessus) *surgissent du sol mésopotamien au cours de fouilles effectuées en 1967 à Nippur, ville qui fut un centre religieux sumérien du troisième millénaire avant J.-C. Sur ce site peuplé depuis des siècles et où se dressait jadis un édifice, un fouilleur étiquette une douzaine de couches superposées. Les fouilles archéologiques, qui ont commencé à Nippur à la fin du XIXe siècle, ont mis au jour des milliers de tablettes d'argile et arraché au silence la poésie et la littérature d'un peuple qui a vécu à l'aube de la civilisation.*

ry et Stonehenge étaient l'oeuvre des druides, et cette certitude finit par l'obséder à tel point qu'il mourut persuadé d'être lui-même un druide. Ses croyances lui ont survécu jusqu'à nos jours: depuis 80 ans, des «druides» se réunissent, au solstice d'été, entre les piliers géants de Stonehenge, pour saluer le soleil levant à grands sons de trompe.

Tout intrigués qu'ils fussent par des sites comme Stonehenge, les antiquaires étaient aussi d'ardents collectionneurs, et la plupart des monnaies, vases et autres trésors qui leur tombaient sous la main échouaient dans leurs «cabinets de curiosités» privés. Il existait toutefois quelques musées, des expositions publiques d'objets exotiques et bizarres. Un des plus célèbres fut celui d'Ole Worm, professeur à l'université de Copenhague au début du XVIIe siècle. Pourtant, comme ce savant amoureux du passé collectionnait à peu près n'importe quoi, son musée était un fouillis inextricable où s'entassaient pêle-mêle des armes amérindiennes, des tatous et des crocodiles empaillés, des antiquités, des monnaies et des outils préhistoriques.

De même que le cabinet de Worm, Tradescant's Ark, un musée installé dans une résidence privée au sud de Londres, eut un grand succès: ses collections devaient par la suite former le noyau de l'Ashmolean Museum d'Oxford. Quant au British Museum de Londres, il fut constitué en 1759 autour de la riche bibliothèque et de la collection d'objets d'art et d'antiquités léguées à la nation par un médecin anglais, sir Hans Sloane.

Bien qu'à la mode, cependant, la manie des antiquités n'était pas prise au sérieux. L'écrivain Horace Walpole, notamment, se moquait ouvertement de la Society of Antiquaries de Londres, à laquelle il reprochait de se passionner pour un «ramassis de briques, de détritus et de vestiges romains».

A la fin du XVIIIe siècle, nombre d'antiquaires passèrent de l'observation aux fouilles, méthode qui avait alors le charme de la nouveauté. Certains, comme le négociant en laines anglais William Cunnington, devinrent même des «fous de tumulus». Cunnington souffrait de pénibles maux de tête, auxquels il cherchait un soulagement dans de longues randonnées à cheval à travers la plaine de Salisbury. Ayant aperçu, en cours de route, de nombreux tumulus, il décida de les fouiller. En 1801, alors qu'il en avait déjà ouvert vingt-quatre, il affirmait qu'il lui suffirait bientôt de jeter un coup d'oeil à un tertre funéraire pour pouvoir en décrire le contenu. Sur ces entrefaites, il rencontra sir Richard Colt Hoare, un riche propriétaire terrien doublé d'un antiquaire avisé, qui vivait à une trentaine de kilomètres de Stonehenge. D'emblée, ils s'entendirent à merveille: Colt Hoare payait les frais et repérait les sites, cependant que Cunnington, assisté de deux fouilleurs, creusait des puits dans les tertres de grande dimension et des tranchées dans les autres. Au total, Cunnington, qui ouvrait parfois deux ou trois tumulus par jour, en inscrivit 465 à son tableau de fouille. De ces vestiges, peu sont sortis intacts de l'aventure. La plupart du temps, «ils tombaient en poussière dès qu'on les effleurait», sans compter que beaucoup d'urnes funéraires furent brisées par des coups de bêche trop vigoureux.

Quoiqu'ils passent souvent pour les fondateurs des fouilles archéologiques en Angleterre, Cunnington et Colt Hoare appartenaient encore à l'époque des cabinets d'antiquités. La première partie de l'oeuvre de Colt Hoare, *The Ancient History of Wiltshire,* publiée en 1810, est un catalogue minutieux de toutes les trouvailles arrachées à des centaines de tumulus: urnes d'argile, épées en fer, ornements d'or, perles de verre et

Les pierres dressées de Stonehenge se profilent sur la plaine de Salisbury, dans le sud de l'Angleterre (à gauche). *Nul ne sait quelles croyances sont à l'origine de ce cercle de fossés, de remblais et de mégalithes commencé aux environs de 2800 avant J.-C., ni de quels rites cet étrange monument a été témoin, avant d'être abandonné, quelque deux mille ans plus tard. Mais, selon les experts, sa construction a nécessité trente millions d'heures de travail. Non loin de là, Silbury Hill, la plus grande butte artificielle d'Europe, constitue pour les archéologues un autre sujet d'étonnement: haute de 43 m et large de 180 m à la base, elle ne représente pas moins de 1 200 000 mètres cubes de terre, d'herbe et de craie. Bien que plusieurs fouilleurs se soient attaqués à ce tumulus, dessiné en 1723 par l'antiquaire anglais William Stukeley* (en haut)*, ils n'ont pu en déterminer la destination. Etait-ce une tombe, une borne ou, comme le prétend le folklore, une motte tombée de la pelle de Satan? Le mystère reste entier!*

d'ambre, objets en os. Mais l'auteur n'a créé aucun ordre dans cet assemblage hétéroclite. Au contraire, après 25 pages sur Stonehenge, il semble avoir été complètement dépassé: «Que c'est grand!», s'exclame-t-il. «Et incompréhensible!»

Face au passé lointain, l'antiquaire danois Rasmus Nyerup s'avouait tout aussi désemparé que Colt Hoare. Il avait monté un petit musée, mais sans le moindre espoir d'arriver à replacer les objets exposés dans l'ordre chronologique. «Tout ce qui nous parvient du paganisme est voilé par un brouillard épais», se lamentait-il. Que ses trouvailles étaient antérieures au christianisme, il en était sûr, mais était-ce «de deux ans, de deux siècles ou de plus d'un millénaire? Nous en sommes réduits aux conjectures...» Pour chaotiques qu'elles étaient, ses collections furent à l'origine de la création, en 1807, du Musée National du Danemark, dont le premier conservateur fut Christian Jürgensen Thomsen, un fils de marchand qui avait un penchant pour l'ordre et la méthode.

Thomsen avait lu les oeuvres d'historiens et d'érudits danois, d'après lesquels les cultures scandinaves primitives pouvaient être divisées en un Age de la Pierre, un Age du Cuivre et un Age du Fer. A leur exemple, il répartit les collections de son musée dans trois salles séparées: une pour l'Age de la Pierre, «où les métaux étaient inconnus ou peu employés», une deuxième pour l'Age du Bronze et une troisiè-

«Avec respect et humilité, je pénétrai dans la vénérable enceinte de ce sanctuaire autrefois consacré... la merveille de l'ancienne Bretagne», écrivait en 1812, dans une étude sur Avebury, l'antiquaire anglais sir Richard Colt Hoare. Un dessin extrait de son traité (ci-dessus) *recrée ces enceintes circulaires, entourées d'une levée de terre, que des hommes de l'Age de la Pierre érigèrent voici 4 000 ans. Elles devaient compter à l'origine plus de 150 monolithes, mais il n'en reste aujourd'hui que quelques-uns* (à droite), *les villageois ayant brisé les autres, au fil des siècles, pour construire leurs maisons ou déblayer des terres arables.*

Longueur 15,2 cm

phénomènes naturels, l'érosion et la sédimentation, avaient modelé les strates terrestres, la couche inférieure étant évidemment la plus ancienne. Ces couches s'étaient lentement accumulées pendant de longues périodes de temps—et ce processus de formation était toujours en cours. De ce fait, le monde et les créatures qui le peuplaient devaient exister depuis plus longtemps que ne le prétendaient les théologiens.

Dans certaines couches de terrain, Smith découvrit des dizaines de fossiles caractéristiques, qui lui permirent d'établir des corrélations entre les strates étudiées et d'autres, situées à plusieurs kilomètres de distance. Cette approche est encore familière aux archéologues d'aujourd'hui, bien qu'elle soit basée maintenant sur des artefacts, non sur des fossiles.

A la même époque, le naturaliste français Georges Cuvier utilisait également les fossiles comme repères géologiques. Génie de la reconstitution anatomique, il effectua des recherches sur des ossements fossiles de reptiles préhistoriques, comme le ptérodactyle, et étudia l'éléphant de l'Age de Glace, le mammouth. Grâce aux animaux fossiles, il put dresser un tableau des ères géologiques, en associant chaque période à des espèces éteintes. Mais comment celles-ci avaient-elles disparu? Quand l'homme avait-il fait son apparition?

Cuvier soutenait que les différents groupes d'animaux avaient été effacés de la surface du globe, tour à tour, par des catastrophes successives du type déluge. Comme il n'avait pas trouvé trace des humains dans les couches primitives, il en conclut que leur présence sur la terre ne remontait pas à plus de 6 000 ans, au temps des dernières grandes inondations. Cette théorie avait l'avantage de concilier la science et la théologie.

Pourtant Cuvier avait tort: l'homme avait bel et bien vécu en Europe au même moment que certaines espèces animales éteintes. Les preuves existaient, mais aucun savant digne de ce nom n'aurait consenti à les prendre au sérieux. Lorsque, à la fin du XVIIe siècle, une hache de pierre et quelques ossements qui

Hauteur 17,9 cm

Dans les années 1850, l'exhumation des ossements de l'homme de Néanderthal (ci-dessus) *provoqua un débat passionné : l'homme du XIX*e *siècle se trouvait-il en présence d'un de ses ancêtres ? Le naturaliste anglais Charles Darwin, qui avait relié l'homme au singe à travers les hominidés, fut lui-même transformé en singe, en 1871, par un caricaturiste hostile à sa théorie de l'évolution* (en bas à gauche). *Pourtant, depuis le biface* (en haut à gauche), *les outils eux-mêmes avaient évolué. Confronté à des objets comme ces couteaux de pierre et ces vases d'argile, le conservateur danois Thomsen mit au point un système de classification en trois Ages : Pierre, Bronze et Fer.*

passèrent pour ceux d'un éléphant avaient été mis au jour à Londres dans un chantier de construction, les antiquaires avaient estimé que l'ensemble datait de l'époque romaine. Et quand, dans les années 1820, un prêtre catholique découvrit sous le sol intact d'une grotte du Kent des outils en pierre et des ossements fossiles qui, selon lui, prouvaient la coexistence dans le temps des hommes et des animaux, un géologue eut tôt fait de le contredire. Selon lui, l'explication était simple: en creusant des fours dans le banc de stalagmites, les anciens Bretons avaient laissé tomber par mégarde, au fond de ces excavations, des outils qui avaient rejoint les ossements fossiles dans les couches sous-jacentes.

En 1837, Jacques Boucher de Perthes, directeur des douanes à Abbeville, recueillit dans des gravières de la vallée de la Somme des haches de pierre, associées à des restes d'animaux disparus. Il fut bientôt persuadé que ces haches avaient été fabriquées par une race humaine très ancienne, qu'une catastrophe naturelle bien antérieure au Déluge de la Bible avait anéantie. Mais la plupart des savants tournèrent en dérision les résultats de ses recherches ou prirent le parti de les ignorer. Charles Darwin lui-même, ayant parcouru ce premier ouvrage, le jugea «absolument sans valeur». Peu d'érudits, en effet, étaient prêts à s'aliéner l'Eglise.

En 1858, cependant, des carriers travaillant près de Brixham, dans le sud-ouest de l'Angleterre, forcèrent à la fois l'entrée d'une grotte et l'intérêt de l'establishment scientifique. La Société géologique de Londres envoya sur place une commission, qui sonda le sol de la grotte et découvrit des artefacts en pierre mêlés à des os de mammouths, de rhinocéros et d'ours des cavernes. On réexamina les haches de Boucher de Perthes. Et un savant britannique n'hésita pas à établir, entre la production des anciens tailleurs de pierre et celle des couteliers modernes, une comparaison flatteuse pour les premiers: «Les hachettes de silex d'Amiens et d'Abbeville sont des oeuvres d'art, au même titre que n'importe quel couteau de Sheffield». Associant les artefacts et les espèces disparues, les experts acceptaient enfin la grande ancienneté de l'humanité.

Cette même année 1859 vit la publication par Charles Darwin de *L'origine des espèces,* l'ouvrage scientifique clé du XIXe siècle. Depuis son expédition dans l'hémisphère austral au début des années 1830, le naturaliste anglais ruminait une théorie de l'évolution «par voie de sélection naturelle», basée sur l'idée que les espèces évoluent ou disparaissent en réponse à des facteurs naturels et que, dans la lutte pour l'existence, seuls les mieux adaptés survivent. Mais il l'avait gardée pour lui pendant près de vingt-cinq ans, persuadé à juste titre qu'elle provoquerait une vive polémique.

Pendant que Darwin restait paisiblement à l'arrière-plan, le biologiste anglais Thomas Huxley déclarait, avec d'autres, que l'évolution par sélection naturelle constituait, pour les débuts de l'histoire humaine, l'armature théorique idéale. Il soutenait aussi, au grand scandale de ses compatriotes pétris de bigoterie victoriene, que l'homme avait des ancêtres simiesques. C'est sous le signe de cette controverse que commença la longue quête archéologique des premiers hommes.

En 1856, des ouvriers carriers avaient découvert dans une grotte, près du village de Néanderthal, en Allemagne, des ossements brunâtres et un crâne de forme étrange, dont ils s'étaient aussitôt désintéressés, croyant qu'il s'agissait des restes d'un ours. Un médecin local, intrigué par cette trouvaille, récupéra les fragments du squelette, qu'il identifia aussitôt comme appartenant à un être humain. Mais cet «homme» présentait, avec ceux du XIXe siècle, des différences notables: son crâne, en particulier, qui se distinguait par un front fuyant, des arcades sourcilières fortement proéminentes et une région occipitale saillante, était une véritable curiosité. Certains savants y virent le crâne d'un simple d'esprit qui aurait vécu en ermite dans la grotte; d'autres l'attribuèrent à un sauvage d'avant l'époque romaine, voire à un déserteur cosaque.

Huxley, toutefois, refusa de les suivre dans cette voie. Après avoir examiné le crâne, il en souligna en 1863 les caractéristiques simiesques. Enfin mis en présence d'un ancêtre possible — l'homme de Néanderthal — le monde moderne était en même temps confronté à une évidence scientifique troublante: celle du lien de parenté entre l'homme et le singe.

La combinaison de la théorie de l'évolution, développée par Charles Darwin, et du système des Trois Ages, mis au point par Christian Thomsen, a fourni une base de recherche solide aux archéologues du XIXe siècle, dont la perspicacité a été récompensée par une foule de découvertes capitales, non seulement en Europe de l'Ouest et du Nord, mais aussi dans les pays de la Bible, à Athènes et sur la terre de ces pharaons qui se faisaient ensevelir dans d'immenses tombeaux, parmi de fabuleux trésors.

Admirées par la noblesse et convoitées par les aventuriers, les antiquités, proches ou lointaines, exerçaient leur séduction. Dans cette scène du milieu du XVIIIe siècle (à gauche), *un groupe d'Anglais à Rome flane devant les ruines de l'Empire romain: le Colisée et un arc de triomphe. Près d'un siècle plus tard, des collectionneurs français traversent péniblement les marais de Preah Khan, au Cambodge, avec les sculptures dont ils se sont emparés* (à droite). *A ses débuts, en effet, l'archéologie s'est bâtie sur le pillage...*

Non loin de Naples, en 1790, le collectionneur anglais sir William Hamilton, flanqué d'Emma Hart, sa future épouse et future maîtresse de Nelson, admire le butin d'une journée de pillage de tombes. Cette gravure, tirée d'un ouvrage sur ses «vases anciens, pour la plupart de pure facture grecque», montre aussi ses ouvriers en train d'éventrer une sépulture. Certaines tombes, commentait Hamilton, contenaient «des vases en terre aux formes harmonieuses, ornés de figures élégantes». Mais la récolte variait, «sans doute en fonction du rang qu'avait occupé le défunt».

Tour», ce voyage initiatique à travers l'Europe, effectué par petites étapes, que tout fils de famille se devait d'entreprendre, et ils tenaient à encourager «une prédilection pour ces objets qui, à l'étranger, avaient tant contribué à les divertir».

En 1751, deux des Dilettanti, le peintre et architecte James Stuart et l'architecte Nicholas Revett, partirent pour Athènes. Trois années durant, ces deux hommes de talent allaient mesurer et dessiner temples et sculptures. Leurs travaux, publiés sous le titre *The Antiquities of Athens,* firent sensation, surtout auprès des architectes qui, cessant de copier les Romains, s'inspirèrent désormais des Grecs.

Les Dilettanti comptaient dans leurs rangs plusieurs diplomates influents, dont sir William Hamilton, qui occupa le poste de ministre britannique à Naples de 1764 à 1800. On ne se souvient plus guère de lui, aujourd'hui, que comme du mari d'Emma, la maîtresse de Lord Nelson, mais il a été, à son époque, un collectionneur d'antiquités célèbre. En l'espace de sept ans, il amassa 730 vases grecs anciens et plus de 6 000 monnaies et autres artefacts, qu'il vendit au British Museum. Les volumineux in-folio publiés sur ces pièces devaient influencer toute une génération d'artistes.

Mais Hamilton ne s'arrêta pas en si bon chemin, et sa seconde collection de vases se révéla plus belle encore que la première. Elle incluait le fameux «vase Portland», un chef-d'oeuvre romain en verre bleu et blanc, dont la couche supérieure était ciselée en camée; émerveillé par sa perfection, le grand céramiste anglais Josiah Wedgwood passa quatre ans à tenter de le reproduire. Malheureusement, certains des vases grecs de cette seconde collection, expédiés en Angleterre par bateau en 1798, n'arrivèrent jamais à destination. Le HMS *Colossus,* qui les transportait, ayant fait naufrage sur un récif en vue des Sorlingues, c'est seulement en 1975 que des plongées ont été entreprises pour en récupérer les trésors.

Comme beaucoup d'antiquaires, Hamilton visait à stimuler le goût du public pour les arts aussi bien qu'à enrichir ses propres collections. Mais ses efforts ne sont rien comparés à ceux de Lord Elgin. En 1798, alors que la Grèce était sous domination turque, Elgin fut nommé ambassadeur de Grande-Bretagne auprès du sultan, à Constantinople. Un architecte anglais lui ayant suggéré de faire exécuter des moulages en plâtre des sculptures grecques, Elgin s'empara avidement de cette idée, qui lui permettait de favoriser, à travers sa mission diplomatique, «le progrès des beaux-arts en Grande-Bretagne». Il envoya donc à Athènes, à ses frais, l'artiste italien Giovanni Battista Lusieri et une équipe de dessinateurs et de mouleurs.

Athènes était alors une petite ville de province délabrée, forte d'à peine 1 300 maisons. Mais, comme dans l'Antiquité, elle était dominée par la colline rocheuse de l'Acropole, au sommet de laquelle le Parthénon, décrépit mais encore imposant, dressait parmi les ruines ses colonnes de marbre blanc. Ce temple avait été élevé par le stratège Périclès, au Ve siècle avant J.-C., en l'honneur d'Athéna, la protectrice de la cité. Il abritait une gigantesque statue chryséléphantine de la déesse, haute de plus de 12 m, qui était l'oeuvre du sculpteur Phidias. Les frontons du temple représentaient la naissance d'Athéna et sa lutte avec Poséidon. Les bas-reliefs des métopes évoquaient une succession de combats: dieux contre géants, Lapithes contre Centaures, Athéniens contre Amazones. La frise intérieure, qui courait tout autour du temple, déroulait la proces-

Hauteur 25 cm

*Entre les mains de Roy Pugh, un artisan de la faïencerie anglaise Josiah Wedgwood & Sons, des ébauches de vases se couvrent de motifs classiques. Les dessins de cette célèbre faïencerie rendent hommage aux artisans de la Grèce et de la Rome antiques, et aussi à sir William Hamilton, dont les collections de vases ont inspiré Josiah Wedgwood à la fin du XVIII*e *siècle. Wegwood emprunta même à Hamilton, pour en faire des copies en céramique, un chef-d'oeuvre en verre de l'époque du Christ, à deux couches superposées: le célèbre « vase Portland ». Le nom de son créateur romain n'est pas parvenu jusqu'à nous, mais ses personnages alanguis n'ont rien perdu de leur charme; ils séduisirent d'ailleurs Hamilton au premier coup d'oeil. « Est-il à vous? Accepteriez-vous de le vendre? », demanda-t-il, surexcité, au propriétaire du vase. Celui-ci, un habitant de Rome, en exigea un millier de livres, somme si énorme pour l'époque qu'Hamilton dut s'endetter pour la réunir. En 1845, au British Museum, le vase fut fracassé par un visiteur impulsif. Aujourd'hui restauré, il peut à nouveau être admiré.*

s'arcbouter sur les manivelles des treuils. Les cordes se tendirent; sous la traction, le bloc se détacha lentement. L'instant d'après, fixé sur un affût de canon, il descendait le chemin en pente raide qui menait vers la ville. Le transfert des sculptures du Parthénon vers l'Angleterre avait commencé.

«Je voudrais avoir tout ce que des fouilles assidues et infatigables peuvent mettre au jour en fait de sculptures, médailles et marbres originaux», avait écrit Elgin à Lusieri. A la fin de l'année, le fronton ouest du Parthénon était entièrement dépouillé; l'année suivante, ce fut le tour du fronton est. Lusieri et ses hommes s'emparèrent également d'une bonne moitié de la frise des Panathénées, ainsi que de sculptures et de détails architecturaux arrachés à d'autres temples de l'Acropole. Lord Elgin, le cerveau de l'entreprise, était toujours à Constantinople. Mais l'ambassadeur extraordinaire auprès de la Sublime Porte avait remporté, par Lusieri interposé, un des plus beaux enjeux archéologiques de son époque: les sculptures en marbre du Parthénon, connues depuis lors sous le nom de «Marbres d'Elgin».

A Londres, Elgin, harcelé par les amateurs et les curieux, abrita les marbres dans une vaste remise, construite tout exprès dans l'enceinte de sa propriété. Les artistes s'y précipitèrent, aussi intimidés qu'émerveillés par les pièces exposées. Ces figures idéalisées, aux traits épurés, aux formes affinées jusqu'à la perfection, drapées dans des vêtements aux plis si légers qu'ils paraissaient de gaze, leur inspiraient une crainte respectueuse. Mais, en même temps, leur conception de la beauté était ébranlée par le naturalisme et la passion du détail dont témoignaient les marbres. Des boxeurs professionnels furent invités à poser devant les visiteurs, afin que ceux-ci pussent comparer leur anatomie avec celle des statues.

A la manière de ces plagiaires romains qui sculptaient les têtes de leurs clients sur des corps imités en série de la statuaire grecque, nombre d'artistes européens avaient jusque-là pratiqué l'art du portrait dans un style néoclassique inspiré de copies italiennes. A présent, ils restaient accroupis des heures durant dans le hangar glacial, face à ce qu'ils considéraient comme un miracle culturel, dessinant, mesurant et redéfinissant leur néoclassicisme en termes grecs. Elgin, malheureusement, se trouvait dans une situation financière précaire. Il essaya de vendre ses marbres au British Museum, mais le gouvernement ne lui en offrit que 30 000 livres, la moitié à peine de ce qu'ils lui avaient coûté. Forcé de vendre sa maison de Londres, il dut déménager les sculptures du Parthénon chez un ami; quelques-unes furent entreposées dans une annexe et le reste entassé en plein air. Pour comble d'infortune, les critiques ne le ménageaient pas: certains prétendaient que ses statues n'étaient que des imitations romaines, d'autres l'accusaient d'avoir outrepassé ses droits en pillant le plus beau monument du monde, sans paraître se rendre compte que ces oeuvres inestimables eussent sans doute été détruites ou dispersées s'il ne les avait emportées. Même la *Society of Dilettanti* le rejetait impitoyablement. Elgin en fut surpris et blessé. Il se résolut finalement à céder les sculptures au gouvernement pour la somme de 35 000 livres et, tandis qu'artistes et célébrités affluaient au British Museum pour les admirer, il retourna dans son Ecosse natale. En 1831, les Dilettanti, pris de remords, l'élirent parmi leurs membres, mais il déclina cet honneur. Son combat pour l'art était fini depuis longtemps: il ne luttait plus que contre ses créanciers. Il mourut à Paris en 1841, endetté jusqu'au cou. Neuf ans plus tôt, la Grèce, ayant enfin secoué le joug des Turcs, avait entrepris de restaurer l'Acropole. A plusieurs reprises depuis lors, elle a demandé au gouvernement britannique de lui restituer les marbres. Rien n'y a fait: ceux-ci sont encore toujours à Londres.

De tous les fils de famille qui faisaient le Grand Tour, bien peu s'aventuraient jusqu'au Nil. Aussi la plupart des Européens ne connaissaient-ils l'Egypte, à la fin du XVIIIe siècle, que par les récits d'Hérodote, l'historien grec du Ve siècle avant J.-C. Celui-ci avait parcouru la terre des pharaons et, bien que ses observations fussent souvent entachées de crédulité, son oeuvre, qui mêlait étroitement la réalité et la fiction, fut considérée des siècles durant comme un état définitif de la civilisation égyptienne. Il y décrivait déjà comment les embaumeurs retiraient le cerveau par les narines avec un crochet de fer. Vingt-cinq siècles plus tard, les chercheurs lui ont donné raison.

Un rayon de soleil s'insinue entre deux des colonnes du Parthénon (page de gauche), *ce temple de marbre qui représente l'union parfaite entre sculpture et architecture. Achevé en 432 avant J.-C., il fut consacré, pendant 800 ans, au culte d'Athéna Parthénos, la déesse vierge. Ses sculptures, transportées au British Museum au début du XIXe siècle, y reçurent l'hommage de nombreux visiteurs. En 1819, le peintre Archer s'est représenté lui-même* (ci-dessus), *dans le coin inférieur droit de son tableau, parmi les dignitaires rassemblés dans la première Salle Elgin du musée.*

Intemporels comme le site de Giza lui-même, des chameliers se profilent sur la pyramide de Khéphren, dont le revêtement calcaire subsiste en partie. La grande pyramide de Chéops, à l'arrière-plan, la dépassait à l'origine d'environ trois mètres. L'une et l'autre ont servi de tombeaux à des souverains qui ont régné peu après l'aube d'une civilisation promise à quelque 3 000 ans d'existence. Mais, tout le long du Nil, d'autres tombes plus humbles regorgeaient elles aussi de trésors, qui ont attiré des générations de pillards.

mais Denon et ses confrères furent autorisés à conserver leurs dessins. Rentrés au pays, ils s'attelèrent à une *Description de l'Egypte* en 24 volumes, dont la publication, de 1809 à 1813, eut un retentissement sans précédent. L'égyptomanie était née!

En 1803, les Britanniques rendirent l'Egypte aux Turcs. Méhémet Ali, un opportuniste à l'esprit clairvoyant, prit le pouvoir, obligeant Constantinople à le reconnaître comme pacha; il devait le rester jusqu'à sa mort, 43 ans plus tard. Passionné par la technologie occidentale, et notamment par les nouvelles méthodes d'irrigation, Méhémet Ali réservait bon accueil aux étrangers, même lorsqu'ils se reconnaissaient chasseurs d'antiquités. Bien plus, il ne tarda pas à utiliser l'archéologie comme un levier diplomatique, un moyen de s'assurer les faveurs de ses puissants visiteurs aux hobbies exotiques. Les rives du Nil grouillèrent bientôt d'aventuriers de tout poil qui rêvaient de faire fortune rapidement.

Déjà, le nationalisme s'était emparé de l'archéologie. Avec la *Description de l'Egypte,* les Français avaient fait un triomphe. Ne voulant pas être en reste, les Anglais se jetèrent à corps perdu dans la recherche des antiquités. Entre les deux peuples, le passé de l'Egypte allait donner lieu à une lutte farouche, qui aurait laissés pantois les collectionneurs du siècle précédent.

Le consul général français en Egypte, Bernardino Drovetti, était un exalté qui traquait les antiquités avec un zèle infatigable. En 1816, un rival se présenta: le nouveau consul général britannique, Henry Salt, dont le flegme contrastait avec l'excitation perpétuelle de Drovetti. Tandis que le Français multipliait les allées et venues, courtisant les chefs de villages et les brigands locaux, l'Anglais, peu désireux de quitter le Caire, laissait ses agents faire le travail à sa place. Comme l'un et l'autre bénéficiaient de l'amitié du pacha, ils obtinrent de lui des permis de fouilles, sur la base desquels ils se partagèrent les rives du Nil, défendant leurs concessions archéologiques avec autant de férocité que des chercheurs d'or leurs placers. «C'était la grande époque des fouilles», devait écrire, un siècle plus tard, l'égyptologue Howard Carter. «Tout ce qui leur faisait envie, du scarabée à l'obélisque, ils s'en emparaient sans façon, et les différends avec les autres fouilleurs se réglaient à coups de fusil.»

Il va sans dire que ces flibustiers d'un genre nouveau n'étaient pas des archéologues. Mais la poudre n'avait pas de

Hauteur 114 cm

Conquise par Napoléon, l'Egypte le conquit à son tour par la splendeur de son passé. Dans ce tableau de 1798, quelques-uns des savants qu'il avait amenés avec lui lancent un cerf-volant pour évaluer la hauteur de la Colonne de Pompée, à Alexandrie, un des grands centres intellectuels du monde antique. Les artistes qui suivaient l'armée française dessinaient frénétiquement. L'un d'eux a représenté un de ses compagnons (en haut) *travaillant au fond d'une tombe, à Elkab, dans un accoutrement mi-européen, mi-égyptien. Une autre scène montre Napoléon à Giza, face à face avec une momie dont ses hommes sont en train de dérouler les bandelettes. «Du haut de ces pyramides», avait-il dit à ses troupes, «quarante siècles vous contemplent». Echec militaire, sa campagne d'Egypte fut une réussite scientifique. En creusant des tranchées près de la ville de Rosette, un officier du génie découvrit en effet une dalle de basalte noir, la pierre de Rosette, qui devait permettre le déchiffrement des hiéroglyphes.*

Pages suivantes: *gréées de voiles de coton qui se gonflent sous la brise, des felouques égyptiennes remontent le Nil. Napoléon les reconnaîtrait: leur forme n'a guère changé depuis qu'elles ont servi de modèles à ses artistes lors de la campagne d'Egypte. Dès avant l'époque des pharaons, le Nil était la voie de communication principale de l'Egypte; et les bateaux, qui étaient la vie même de ce pays fluvial, accompagnaient souvent les Egyptiens jusqu'à la tombe, à travers des peintures funéraires et des maquettes de barques solaires.*

De retour à Thèbes, Belzoni planta son camp dans la Vallée des Rois, où reposaient quelques-uns des plus grands pharaons d'Egypte. Il se mit à l'oeuvre avec son énergie habituelle, ouvrant tombe sur tombe et défonçant au besoin, avec un bélier, les portes scellées des chambres sépulcrales. A un moment donné, ses fouilles le menèrent à moins de 50 m de la fabuleuse sépulture de Toutankhamon.

Belzoni se laissait généralement guider par son intuition plus que par les conseils d'autrui. Un jour que ses recherches n'avaient rien donné, ses hommes cherchèrent à le persuader de porter ses efforts à un autre endroit. Il les ignora. Le lendemain, ils mirent à nu l'entrée d'un long couloir orné de reliefs peints. Un escalier les mena, en contrebas, à un autre couloir, que barrait une fosse de près de 5 m de large. Belzoni la franchit sur un pont de madriers. Le mur, à l'autre extrémité, avait déjà été percé par des voleurs. Belzoni, se glissant par le trou, découvrit une enfilade de chambres à la décoration raffinée, dont les murs et les plafonds étaient surchargés de peintures, de dessins et d'hiéroglyphes. Une des chambres était soutenue par six colonnes massives. Dans une salle adjacente, dont la voûte d'un bleu profond scintillait comme si elle avait été peinte la veille, la lueur vacillante de sa bougie lui révéla, luisant doucement dans la pénombre, le sarcophage d'albâtre du pharaon Séthi Ier. A l'intérieur, Belzoni put contempler l'image de la déesse Neith prête à recevoir le Roi. Le sarcophage de Séthi était vide, mais son sépulcre, avec ses peintures pleines de vie, serpents et vautours, démons et divinités et, bien entendu, le dieu-roi lui-même, était en soi un trésor.

Homme de spectacle dans l'âme, Belzoni imagina aussitôt un moyen de tirer parti de sa découverte: il fabriquerait une maquette de la tombe et l'exposerait en Europe en même temps que le sarcophage. Mais, avant tout, il tint à faire les honneurs des lieux à son rival Drovetti. Celui-ci en resta muet d'admiration. Insatiable, Belzoni se remit bientôt en chasse. A Giza, après un mois de fouilles acharnées, il réussit à forcer l'entrée de la pyramide de Khéphren. Mais des voleurs l'avaient précédé de plusieurs milliers d'années et la chambre sépulcrale ne contenait plus qu'un sarcophage vide. Il traversa ensuite le Désert oriental pour fouiller les ruines de Bérénice, un ancien port égyptien sur la mer Rouge. Son expédition se solda par un échec. A Thèbes, cependant, un nouveau défi l'attendait: un collectionneur anglais comptait sur lui pour ramener de Philae un obélisque de granit de plus de 6,50 m.

Les quatre colosses assis du temple d'Abou Simbel, qui mesurent plus de 20 m de la couronne aux orteils, ont tous le même visage: celui de Ramsès II, que certains spécialistes identifient au pharaon de l'Exode biblique. Son nom se retrouve un peu partout sur les deux rives du Nil, souvent gravé au-dessus d'un autre sur des monuments qu'il n'a jamais construits. Ici, la sérénité de son expression est déparée par des graffiti, comme c'est le cas pour beaucoup de monuments égyptiens, victimes du tourisme depuis l'Antiquité.

dont les pièces maîtresses étaient une maquette de la tombe de Séthi, longue de 15 m, des reproductions grandeur nature de ses deux chambres les plus impressionnantes, une maquette du temple d'Abou Simbel et une coupe de la pyramide de Khéphren. On s'arracha le livre, et l'exposition fut un succès.

Repris par le mal des voyages, Belzoni repartit en 1823, en quête cette fois des sources du Niger. Mais, un mois seulement après son arrivée en Afrique occidentale, l'homme qui avait bravé impunément tant de dangers mourut de la dysenterie, solitaire et, comme toujours, étranger au monde, vagabond débonnaire dans un corps de géant.

Belzoni fut un des rares pilleurs de tombes à mourir pauvre. Salt, pour sa part, tira une jolie somme du travail de son agent et de ses propres collections. Quant à Drovetti, il vendit ses pièces au roi de Sardaigne, au Louvre et aux Prussiens. Ironie du sort: chacun de ces trois chasseurs d'antiquités contribua finalement, par ses efforts, à enrichir le pays d'un de ses rivaux. Les collections de l'Italien Belzoni se retrouvèrent au British Museum; l'Anglais Salt alimenta le Louvre, et le Français Drovetti le Musée égyptien de Turin.

Elgin, Belzoni et leurs contemporains transformèrent ainsi l'archéologie, jusqu'alors simple passe-temps de dilettantes, en une chasse aux trésors qui, sous la double influence du nationalisme et de la cupidité, dressa bientôt musée contre musée, collectionneur contre collectionneur, nation contre nation. Des hommes comme sir William Hamilton ou Lord Elgin avaient sans doute, pour collectionner vases et sculptures, les plus nobles des motifs, mais la plupart de leurs adversaires ne visaient que la gloire et l'argent.

L'archéologie, en tant que science, n'existait pas. Il n'y avait ni cours universitaires, ni manuels, ni procédures de fouilles. Et si Belzoni, malgré la brutalité de ses méthodes, peut être considéré comme un des fondateurs de l'égyptologie, c'est parce que, à la différence de ses pairs, il a toujours eu à coeur d'enregistrer les détails de ses découvertes. Elgin et Belzoni, cependant, n'avaient pillé que des temples et des tombeaux célèbres depuis des siècles. Une génération plus tard, en 1840, les Français allaient faire un pas de plus en avant. Leur agent en Mésopotamie, qu'ils chargèrent d'explorer les ruines de la cité perdue de Ninive, n'avait devant lui que des buttes poussiéreuses, nées de la lente désagrégation des briques de limon séchées au soleil. Les fouilles à grande échelle allaient commencer.

A Londres, en 1821, des élégants flânent (à droite) *dans une des chambres peintes du tombeau de Séthi Ier, copie grandeur nature de l'original. L'exposition, organisée par Belzoni, comportait en outre, d'après le* Times, *« des momies, des papyrus, des médailles et des bioux féminins ». Elle attira des milliers de visiteurs à l'Egyptian Hall de Piccadilly où, à en croire les affiches* (à gauche), *« le nouveau et le merveilleux » étaient toujours au rendez-vous. Mort sans le sou, Belzoni survit comme un des pères de l'égyptologie.*

deux monographies qu'il publia par la suite attirèrent sur la cité morte l'attention des savants européens : peut-être l'examen de ces vestiges informes pourrait-il affiner leur compréhension de l'Ancien Testament...

En 1820, Rich partit à la recherche de Ninive — cette cité honnie par l'Ecriture — où les rois assyriens avaient régné. Il avait le pressentiment que l'histoire et la fortune l'attendaient là, mais où ? Les autochtones lui indiquèrent deux tells, ou tertres, qui s'élevaient à peu près en face de Mossoul, de l'autre côté du Tigre. Rich s'intéressa d'abord au plus élevé, le Kouyoundjik, une colline de plus de 13 m de haut dont le sommet plat était encombré de tessons et de briques, certaines à inscriptions cunéiformes. Il estimait que le tell « ne constituait qu'une partie d'une vaste cité, probablement la citadelle, ou l'enceinte royale, ou bien l'un et l'autre ». Mais il n'eut jamais l'occasion de s'en assurer : un an plus tard, il mourait du choléra.

Grâce à ses rapports et à ses plans, néanmoins, l'étude de la Mésopotamie avait pris un tournant décisif : désormais, elle ne serait plus basée sur les récits des voyageurs mais sur des descriptions minutieuses. En envahissant l'Egypte, Napoléon n'avait pas seulement lancé la science de l'égyptologie mais aussi, quoique par inadvertance, l'archéologie mésopotamienne. Dans toute l'Europe, des spécialistes tentaient de percer le

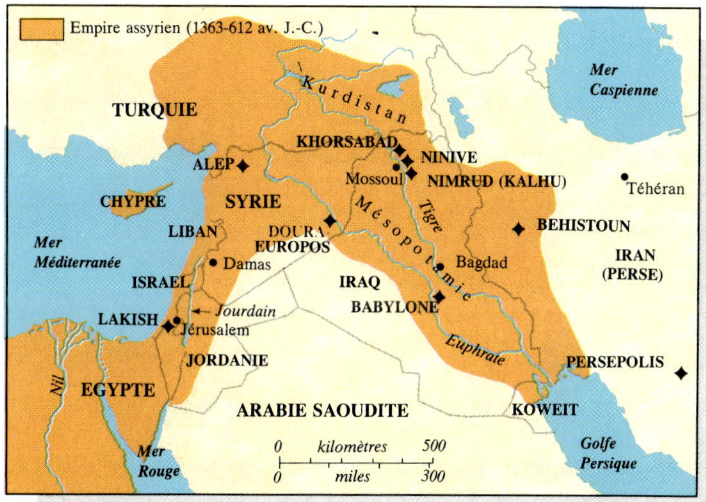

Perchée au sommet de sa propre histoire, la citadelle d'Alep, qui date du XIIIe siècle, domine la plaine syrienne à l'endroit même où se trouvait déjà, voici 3 000 ans, un centre commercial important. Au fur et à mesure que ses bâtiments, construits en briques crues, s'écroulaient, de nouveaux immeubles étaient édifiés sur les anciens. La ville s'éleva ainsi, peu à peu, sur ses propres décombres, qui finirent par former une véritable colline que les Arabes et les archéologues appellent « tell ». Aujourd'hui, l'Alep moderne, une cité de plus d'un million d'habitants, encercle le tell, et la citadelle médiévale a été aménagée en musée historique. Mais le tell lui-même, qui n'a jamais été fouillé, recèle probablement des trésors inestimables — les vestiges des Hittites et des Egyptiens qui s'affrontèrent autrefois pour le contrôle de la cité, et ceux des Assyriens dont l'empire absorba la totalité du Croissant Fertile.

devait cependant ignorer les travaux, il commença par déchiffrer le nom du roi dans le texte en vieux perse. Sur cette base, il fut en mesure d'établir un alphabet, grâce auquel il put traduire des phrases, puis des paragraphes entiers. Mais, dans les textes en élamite et en babylonien, les signes paraissaient représenter des syllabes plutôt que des lettres. Rawlinson comprit alors que, pour mener son oeuvre à bien, il avait besoin d'autres textes — des textes qu'il ne pourrait obtenir qu'en effectuant des fouilles. Mais Rawlinson avait un rival. En 1840, le gouvernement français, stimulé par les monographies de Claudius James Rich sur Babylone, avait nommé Paul-Emile Botta au poste d'agent consulaire à Mossoul. En principe, celui-ci était chargé de la défense des intérêts politiques français mais, comme l'obscure petite ville où il était en poste n'avait aucune importance diplomatique, il avait tout loisir de se consacrer à sa tâche véritable: découvrir sous les tells les vestiges de Ninive. Le gouvernement français espérait que ses travaux enrichiraient le Louvre, tout en renforçant la réputation scientifique de la France au Proche-Orient.

Homme discret, introverti, Botta avait fait de nombreux voyages et un séjour de plusieurs années en Egypte. Il n'avait aucune expérience des fouilles, mais il connaissait bien les monuments de l'Egypte ancienne et parlait couramment l'arabe. A la fin de l'an 1842, il commença à fouiller la colline de Kouyoundjik, qui avait déjà intrigué Rich deux décennies auparavant. Mais il ne creusa pas assez profond, et les couches supérieures du tertre ne lui livrèrent que des briques gravées et quelques fragments de sculptures. Désappointé, Botta prêta une oreille attentive aux confidences d'un Arabe des environs: d'après cet homme, la colline sur laquelle était bâti le hameau de Khorsabad, à une vingtaine de kilomètres vers le nord, regorgeait de trésors, et lui-même, qui y était établi comme teinturier, avait construit son four avec des briques anciennes. D'abord méfiant, Botta se décida finalement à envoyer sur place des ouvriers chargés de vérifier les dires de son informateur. Le consul n'attendit pas longtemps. Une semaine plus tard, un messager l'informait que sa petite équipe avait déjà dégagé deux murs ornés d'étranges sculptures. Botta sauta aussitôt en selle et courut à bride abattue jusqu'à Khorsabad. A la vue des bas-reliefs, qui représentaient des animaux ailés androcéphales et des hommes aux longues barbes, somptueusement vêtus, il eut le souffle coupé. Dès 1843, Botta, qui avait déplacé tous ses hommes de Kouyoundjik à Khorsabad, découvrait de nouveaux reliefs. En lui, le découragement céda la place à la joie: «Je crois être le premier», affirma-t-il, «à avoir découvert des sculptures attribuables à la période de splendeur de Ninive». A Paris, la nouvelle fit l'effet d'une bombe.

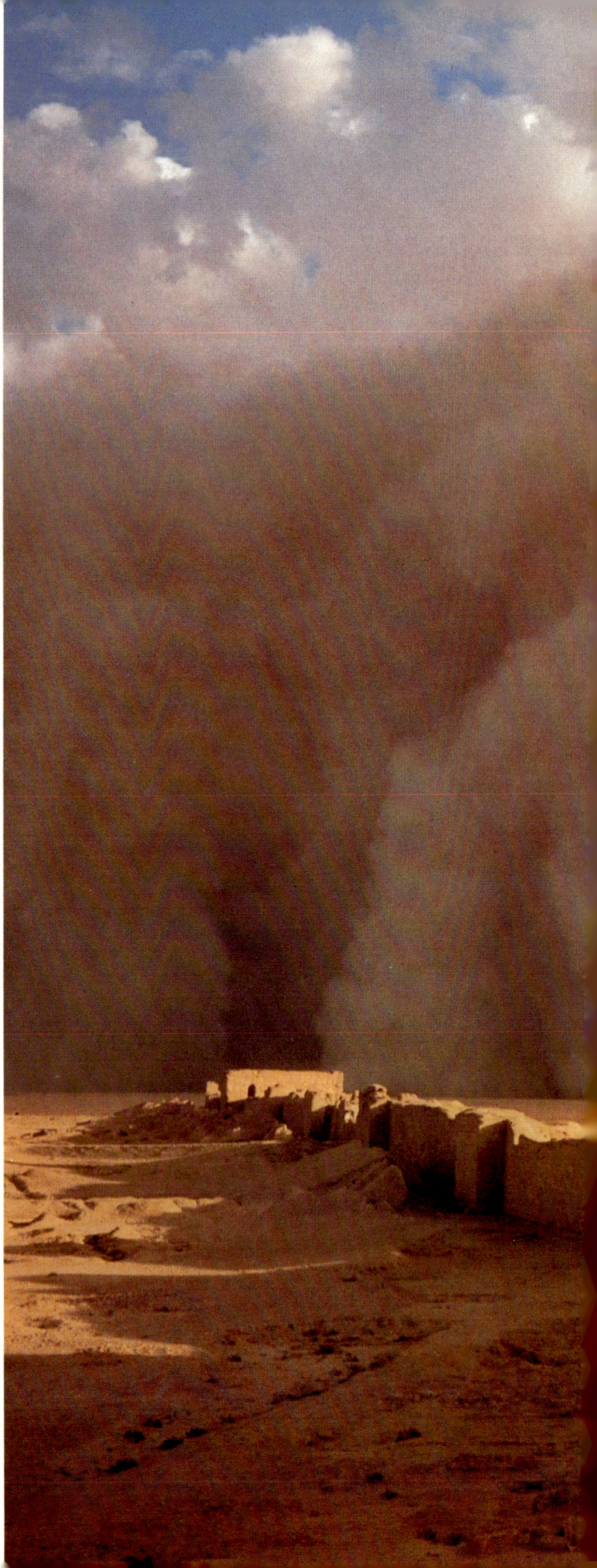

Véritable fouet du désert, une tempête de sable s'apprête à cingler les ruines de Doura-Europos. Cette petite cité babylonienne devint une place commerciale opulente, puis une puissante forteresse romaine, avant d'être mise à sac par des envahisseurs, au IIIe siècle après J.-C., et définitivement abandonnée au sable. Dans de tels sites, la sécheresse préserve souvent une multitude de détails qui, sous d'autres climats, ont tôt fait de disparaître: bois, tissus, fragments de nourriture, restes humains. Mais le désert n'est pas tendre pour les archéologues, qui doivent y affronter la chaleur, le rayonnement solaire et le manque d'eau, sans compter les scorpions qui se faufilent la nuit dans leurs bottes.

se procura en secret les outils indispensables et se rendit discrètement à Nimrud avec six ouvriers arabes. Dès le premier jour, ils dégagèrent deux bâtiments assyriens ; une des chambres contenait des tablettes gravées et des ornements en ivoire, dont un roi et un sphinx accroupi, portant des «traces de dorure». Grâce à l'intervention du British Museum, qu'il devait en retour approvisionner en sculptures, Layard put poursuivre son travail à Nimrud. Mais ses méthodes frappent de consternation un archéologue moderne. Ses fouilleurs se contentaient en effet de creuser des tunnels dans les tertres — qui furent bientôt aussi troués que la surface de la lune — jusqu'au moment où ils atteignaient une sculpture ou un mur de pierre. Ils suivaient alors le mur ou la frise, étançonnant leur galerie avec des poutres et perçant de temps en temps, vers la surface, un trou d'aération. Comme eux, Layard passa des heures sous terre, dessinant les reliefs au fur et à mesure qu'ils émergeaient.

Les visiteurs affluèrent, avides de contempler les merveilles ainsi dévoilées. «Les formes majestueuses des rois étaient si vivantes...», écrivit un journaliste londonien, «qu'on pouvait presque les imaginer sortant des murs pour demander des comptes à l'intrus téméraire qui troublait leur repos». Très vite, Layard, qui dirigeait son équipe avec autant de sensibilité que de fermeté, s'était installé dans son rôle de chef de tribu. Il organisa un mariage, apaisa des querelles et se révéla capable de prendre, à l'occasion, des mesures radicales. Le jour où des bandits lui volèrent des matériaux d'emballage, par exemple, il galopa jusqu'à leur camp, passa les menottes à leur cheik stupéfait et l'emmena de force.

Levé à l'aube, Layard passait ses journées à diriger les travaux et la plus grande partie de ses nuits à inventorier ses trouvailles. Les fouilles étaient si productives que l'emballage et le transport des pièces exigeaient de plus en plus de temps. Par une chaleur qui dépassait souvent 40°C, ses hommes les emmaillotaient de feutre avant de les charger, par caisses entières, sur des radeaux. Une nuit, des maraudeurs voulurent s'emparer d'un taureau ailé, déjà soigneusement empaqueté ; ils furent repoussés à coups de fusil. Le taureau, criblé de balles, se trouve aujourd'hui au British Museum.

En 1847, Layard, passant outre aux protestations des Français, décida d'explorer le tell de Kouyoundjik, que Botta avait abandonné. Persuadé que son prédécesseur n'avait pas creusé assez profond, il réussit à mettre au jour, en un mois de travail acharné, neuf chambres ornées de bas-reliefs, qui représentaient le siège d'une ville et le retour triomphal du souverain vainqueur. Mais, comme l'argent du British Museum s'épuisait, il dut aussitôt après repartir pour Londres. Il y fut reçu en héros. Accablé d'invitations, il sortit beaucoup dans le monde et prêta ses talents de conférencier à plusieurs sociétés savantes, mais il trouva aussi le temps d'écrire une «esquisse de l'histoire de Ninive» — car Rawlinson lui avait affirmé que c'était à Nimrud, et non à Khorsabad, comme les Français le croyaient, que se trouvaient les vestiges de la cité biblique. Publié en 1849, *Nineveh and its remains* («Ninive et ses vestiges») fut un best-seller. Le *Times* de Londres le salua même comme «l'ouvrage le plus extraordinaire de notre époque».

Malgré sa renommée, Layard n'obtint du British Museum, pour continuer ses fouilles, qu'une somme dérisoire. «Mes ressources personnelles sont loin d'être importantes», dit-il alors, «mais, telles quelles, je les consacrerai à cette entreprise». Il retourna à Mossoul, où ses ouvriers l'accueillirent

Hauteur 7,5 cm

Doté d'une imagination débridée, le peintre James Fergusson se faisait de Nimrud une idée très éloignée de la réalité. Cette vue romantique (ci-dessus) *de la cité royale assyrienne a été publiée par Layard en 1853. Si Layard fut le premier archéologue à faire des fouilles à Nimrud, il eut des successeurs , auxquels les tertres des bords du Tigre réservaient encore bien des surprises. En 1949, une équipe britannique dirigée par Max Mallowan* (page de gauche, avec chapeau), *l'époux de la romancière Agatha Christie, entreprit d'explorer la ville. On y découvrit des milliers d'ornements et de plaques en ivoire gravé. Sur une de ces plaques* (ci-contre), *un sphinx ailé se pavane parmi des plantes stylisées. Les ivoires assyriens étaient généralement recouverts d'or, mais des envahisseurs en ont arraché le métal précieux, ne laissant que l'ivoire.*

chaleureusement. Les fouilles reprirent aussitôt, à Kouyoundjik comme à Nimrud.

Un beau matin, à Nimrud, Layard découvrit Henry Rawlinson endormi dans une des chambres récemment déblayées. Epuisé par sa longue chevauchée depuis Bagdad, Rawlinson avoua à son compatriote qu'il s'était trompé: contrairement à ce qu'il avait cru jusque-là, il était maintenant persuadé, par l'étude des cunéiformes, que Nimrud n'était pas Ninive. Avec un autre spécialiste de l'écriture cunéiforme, un ecclésiastique irlandais nommé Edward Hincks, il avait déchiffré, dans des inscriptions relevées à Kouyoundjik, le nom de Sennachérib, roi d'Assyrie. Des découvertes ultérieures, comparées avec des passages de l'Ancien Testament, confirmèrent cette assertion: Kouyoundjik et Ninive ne faisaient qu'un. Quant à Nimrud, c'était la Kalah de la Bible, la cité du neuvième siècle avant J.-C. que les Assyriens appelaient Kalhu et qui fut leur capitale jusqu'à ce que Sennachérib fît construire à Ninive son «palais sans rival». La question, si longtemps débattue, était enfin résolue.

Layard passa à Ninive et à Nimrud deux années fructueuses. Avec une centaine d'ouvriers, il creusa des galeries dans le palais de Ninive et mit à nu une façade de quelque 55 m de long, dans laquelle s'ouvrait «un grand portail, gardé par deux taureaux ailés, de 6 mètres de long sur plus de 20 m de haut». En un autre endroit, ses fouilleurs découvrirent des dalles calcaires, dans lesquelles les roues des chariots avaient laissé des sillons. Layard déterra aussi des bas-reliefs de campagnes militaires qui, mis bout à bout, auraient couvert près de 2 500 mètres. Deux d'entre eux représentaient l'armée assyrienne assiégeant puis envahissant une cité entourée de murs. Dans une autre scène, un roi jugeait des prisonniers. A la grande joie de Layard, Rawlinson réussit à déchiffrer l'inscription qui figurait au-dessus de la tête du souverain: «Sennachérib..., roi du pays d'Assyrie, assis sur le trône de la justice, devant la cité de Lakish. J'autorise son anéantissement.» Layard se souvint des mots de l'Ancien Testament: «Dans la quatorzième année du règne d'Ezéchias, Sennachérib, roi d'Assyrie, envahit Juda, campa devant les villes fortes et ordonna d'en forcer les murs». Une de ces villes était Lakish. Layard disposait donc désormais d'un rapport de première main sur cette campagne meurtrière, et les historiens allaient pouvoir, sans crainte de se tromper, rattacher ses Assyriens aux rois de l'Ecriture.

Le tragique destin de la cité romaine de Pompéi qui, détruite en 79 après J.-C. par l'éruption du Vésuve, n'a été arrachée à sa gangue de débris volcaniques que seize siècles plus tard, a inspiré de nombreux artistes; dans les années 1830, le peintre russe Karl Bryullov a imaginé la pluie de cendres et de pierres s'abattant sur la ville. L'éruption anéantit aussi Herculanum, au bord de la mer, et plusieurs hameaux qui, disséminés sur les flancs du volcan, sont restés figés sous la lave, comme si le temps s'y était arrêté.

L'exploration du palais de Sennachérib aurait suffi à occuper une vie entière, mais Layard, impatient et impulsif, tint à retourner à Nimrud, où il trouva une nouvelle chambre, pleine de vases et de jarres en cuivre, de cloches de bronze aux battants de fer, de gobelets, de plats, de chaudrons et de harnachements de chevaux. Il recueillit également des ornements en ivoire, d'une finesse exquise, des armes de bronze et des coupes en verre, en plus d'une foule de trésors de plus petite taille. Et la source était loin d'être tarie : un siècle plus tard, dans les années 1950, un autre archéologue anglais, Max Mallowan, allait encore faire, dans les ruines de Nimrud, une riche moisson de sculptures sur ivoire.

Ironie du sort : c'est par la plus humble de ses découvertes que Layard contribua le plus efficacement au développement de l'assyriologie. A Ninive, ses terrassiers parvinrent jusqu'à une salle du palais où des milliers de tablettes d'argile, intactes ou brisées, s'entassaient à même le sol, formant une couche de quelque 30 cm d'épaisseur. Mais il commençait à manquer de temps, et surtout d'argent. Il fit donc emballer soigneusement les tablettes, qu'il envoya à Henry Rawlinson pour que celui-ci pût les examiner. Rawlinson identifia des grammaires, des chroniques, des hymnes, et un grand nombre de documents commerciaux, qui complétèrent sa vision de la vie assyrienne, inspirée jusqu'alors par les seules inscriptions murales des palais. Layard avait en effet réussi à pénétrer dans la bibliothèque royale, et sa découverte, qui fut à la base de l'étude scientifique des Assyriens, révéla la richesse de l'héritage culturel mésopotamien.

Layard quitta définitivement la Mésopotamie en avril 1851, passant le relais à son assistant, Hormuzd Rassam, originaire de Mossoul. Impatient d'asseoir sa réputation d'archéologue, Rassam se mit en quête de trouvailles spectaculaires. Comme les Français s'étaient fait attribuer l'exclusivité des droits de fouille sur le côté nord de Ninive, il dut se rabattre sur le sud. Après un an d'efforts inutiles, un beau soir, accompagné de quelques hommes de confiance, il se faufila dans la zone française. Trois nuits de fouilles fiévreuses, à la lueur de la lune, leur suffirent pour exhumer un relief du roi Assurbanipal sur son char, chassant le lion. Possession valant droit, Rassam continua ses fouilles au grand jour, sans s'inquiéter des protestations des Français. Mais il était si absorbé par les reliefs qu'il faillit

Cinq élégants visiteurs accompagnés d'un chien regardent des ouvriers débarrasser le temple d'Isis, à Pompéi, de la blocaille qui l'encombre (ci-contre). *Dans ce tableau fantaisiste, qui date de la redécouverte du temple, au XVIII*[e] *siècle, les personnages sont rapetissés par la masse des colonnes cannelées. En 1908, un architecte français frotté d'archéologie, Léon Jaussely, dessina le forum de la cité* (ci-dessous). *Sa coupe de la basilique montre les Pompéiens allant et venant entre les piliers de ce lieu de rendez-vous public.*

son temps. Ayant hérité d'un site ravagé, creusé de tranchées et de puits et encombré d'amas de débris, il commença par le nettoyer et par dénombrer les bâtiments. Il fouilla ensuite la ville quartier par quartier, en pratiquant des sondages stratigraphiques. Il tenait un journal, qu'il devait finalement publier. Fiorelli organisa même des cours de formation, afin de familiariser les jeunes archéologues avec la stratigraphie. Il répétait à ses étudiants que, par-delà l'exhumation des objets d'art, ils devaient s'attacher à ressusciter la cité morte, et que les maisons des pauvres, avec leur ameublement grossier, pouvaient leur en apprendre sur les Pompéiens de l'Antiquité autant sinon plus que les villas des riches. Aucun détail, si humble fût-il, ne devait être laissé de côté. Très observateur, Fiorelli avait remarqué, dans la couche de cendre solidifiée, des creux qui semblaient avoir forme humaine. Il y coula du plâtre qu'il laissa sécher, puis déterra les moulages, obtenant ainsi des instantanés à trois dimensions de l'agonie des Pompéiens.

Entre les fouilles expéditives de Layard à Nimrud et celles, prudentes et minutieuses, de Fiorelli à Pompéi, il y a tout l'espace qui sépare le chercheur de trésors de l'archéologue professionnel. Mais, dans les années 1860, le professionnalisme était encore l'apanage d'une poignée d'hommes, pionniers d'une nouvelle archéologie pour qui la quête de l'information l'emportait sur les intérêts des collectionneurs.

Ces deux athlètes de bronze prêts à s'élancer (à droite), *qui se trouvent maintenant au Musée National d'Archéologie, à Naples, ont été découverts au XVIII*e *siècle, à Herculanum, dans la villa des Papyri. Cette luxueuse résidence, dont le plan, dessiné par l'ingénieur suisse Karl Weber, se détache sur le mur derrière eux, doit son nom aux nombreux rouleaux de papyrus qui garnissaient sa bibliothèque. Décorée de plus de 90 statues, elle passe pour avoir appartenu au beau-père de Jules César. Mais les fouilles y furent interrompues en 1765 par des émanations de gaz.*

Herculanum n'a pas encore livré tous ses trésors. Un long et pénible voyage jusqu'au musée attend ce bateau romain (ci-dessus) *trouvé sur la plage, que des spécialistes vont s'efforcer de restaurer. Ils trouveront peut-être des indices qui leur permettront de déterminer l'usage qui en était fait et la manière dont elle était barrée.*

Angleterre, 1844: des Victoriens élégants bravent les intempéries pour assister à l'ouverture d'un tertre funéraire anglo-saxon à Breach Down.

DU DILETTANTISME A LA SCIENCE

CETTE JOURNEE de septembre 1844 était froide et pluvieuse, mais il en aurait fallu davantage pour doucher l'enthousiasme des quelque deux cents membres, hommes et femmes, de la British Archeological Association qui avaient fait le trajet jusqu'à Breach Down, près de Canterbury, pour assister à l'ouverture de huit tertres funéraires. Certains des participants, passionnés de squelettes, prenaient l'excursion très au sérieux mais, pour la plupart, c'était une vaste partie de plaisir, à laquelle le froufrou des robes et les rires nerveux des spectatrices conféraient un charme irrésistible. Le soir, le président donna une grande réception dans son hôtel particulier. Trois jours plus tard, tout le monde fut convié à savourer, en guise de dessert, le déshabillage d'une momie égyptienne qu'un membre de l'association dépouilla solennellement de ses bandelettes.

Aujourd'hui, il ne viendrait plus à l'idée de personne de transformer des fouilles archéologiques en événement mondain. Durant la deuxième moitié du XIXe siècle en effet, l'archéologie a connu une lente métamorphose : d'abord simple chasse aux trésors, elle est devenue peu à peu, au fil de découvertes toutes plus mémorables les unes que les autres, une science à part entière, avide d'informations autant que d'artefacts. Mais, à la fin du XVIIIe siècle et au début du XIXe, elle était avant tout un passe-temps élégant, un hobby pour gentilshommes campagnards.

Pendant que Belzoni peinait en Egypte et Layard en Mésopotamie, des centaines d'antiquaires anglais ratissaient leur propre pays, fouillant les villas romaines et les tombes anglo-saxonnes. (Des tribus germaniques, désignées maintenant par le nom générique d'Anglo-Saxons, s'étaient installées en Grande-Bretagne au Ve siècle après J.-C.) Certains de ces fouilleurs, n'ayant pas la possibilité financière de sacrifier au rite du Grand Tour, qui leur aurait permis de visiter les sites classiques, avaient dû se rabattre bon gré mal gré sur des curiosités moins lointaines ; d'autres, influencés par les courants littéraires et artistiques de l'époque, éprouvaient pour le passé de leur île un intérêt romantique.

Ces amateurs, qui maniaient la bêche avec acharnement, déterrèrent quantité d'urnes, d'épées et de gobelets, et même des bijoux en or disséminés parmi des ossements humains. Un ecclésiastique du XVIIIe siècle se flattait d'avoir ouvert 31 tumulus en l'espace d'une seule journée. Une autre fois, après la vie quotidienne des anciens habitants une image plus précise que les outils en pierre ou les tessons de poteries. Sa tâche n'en fut pas simplifiée pour autant: comme il était le premier à explorer un site recelant des objets aussi susceptibles d'altération, il ne disposait, pour dater ses trouvailles, d'aucune méthode préétablie. Ses procédés manquaient d'ailleurs de subtilité. Il se contentait de creuser autour des pieux, en déterrait quelques-uns pour les étudier, et récupérait tout ce qu'il pouvait. Certains sites lacustres purent être datés avec précision grâce aux objets romains qui les parsemaient. Mais la plupart, qui présentaient un mélange d'outils et d'ustensiles en pierre, en bronze et en fer, ne purent qu'être rangés tant bien que mal dans le système des Trois Ages, en fonction de leurs artefacts prédominants. Il ne faisait aucun doute, cependant, que leurs habitants avaient vécu longtemps après les chasseurs de la vallée de la Somme, puisqu'ils avaient laissé derrière eux, en plus d'ossements d'animaux sauvages, des restes de plantes cultivées et d'animaux domestiques. Mais la question du «quand?» restait entière. Pour Keller, ces sites remontaient à «une très haute antiquité»; d'autres archéologues évaluaient leur ancienneté à plusieurs milliers d'années.

Keller rédigea sur ses découvertes des rapports détaillés. Il avait entendu parler des maisons sur pilotis que des insulaires

A la villa romaine de Littlecote, dans le sud de l'Angleterre, le directeur du chantier et ses élèves semblent écouter Orphée jouer de la lyre au milieu d'un cercle de déesses et d'animaux caracolants (à droite). *En 1727, le régisseur du domaine mit cette mosaïque au jour en creusant des potelles. Réenterrée, puis redécouverte en 1978 et dûment restaurée, elle brille de nouveau de son ancien éclat. Des volontaires nettoient de la vaisselle romaine* (ci-dessus) *trouvée à Littlecote. Les noms des potiers permettent de dater ces bols et ces vases d'environ 100 après J.-C.*

avoir été tuée d'un coup sur la tête. Des dents d'animaux et des coquillages perforés, qui avaient sans doute servi de parures, étaient éparpillés autour des squelettes. Ces chasseurs-collecteurs, aussitôt baptisés «hommes de Cro-Magnon», étaient d'apparence moderne, et leur outillage se révéla beaucoup plus complexe que celui des Néanderthaliens. Actuellement, les archéologues datent les hommes de Cro-Magnon d'il y a environ 35 000 ans, et les Néanderthaliens d'il y a 100 000 ans.

En 1879, un aristocrate espagnol, Don Marcelino Sanz de Sautuola, effectuait des fouilles dans la grotte d'Altamira, dans le nord de l'Espagne. Sa fille Maria, qui furetait aux environs, se faufila dans une salle latérale, très basse de plafond. Tout à coup, son père l'entendit crier: «Des taureaux, des taureaux!» Saisissant une lanterne, il la rejoignit en rampant et contempla avec stupeur une frise d'animaux sauvages, pour la plupart des bisons, peints en couleurs vives — rouge, brun et noir — à même la roche. Il fut aussitôt persuadé qu'il se trouvait en présence de peintures de l'âge de la Pierre, car les scènes d'Altamira lui rappelaient irrésistiblement des objets gravés du Paléolithique, qu'il avait vus l'année précédente à Paris, lors d'une exposition. Son enthousiasme se heurta cependant au scepticisme des savants; certains l'accusèrent même d'avoir fait exécuter ces oeuvres par un faussaire. C'est seulement à la fin du siècle, quand d'autres peintures rupestres eurent été découvertes près des Eyzies et dans les Pyrénées, que les experts consentirent à lui donner raison.

Les *kjökkenmöddings* — amas de coquillages, ossements, restes d'outillage et autres détritus qui forment, sur d'anciennes zones littorales situées maintenant bien au-dessus du niveau de la mer, des tertres herbus de 2 à 3 mètres de haut — livrèrent également aux fouilleurs de précieux indices sur les chasseurs préhistoriques. Du *kjökkenmödding* de Mejlgard, dans l'est du Danemark, des scientifiques danois tirèrent des ossements d'animaux fossilisés et des restes de foyers, vestiges d'une cantine primitive. Sur un autre *mödding*, le zoologiste Johann Steenstrup préleva, pour les analyser, des carottes de près d'un mètre de diamètre. Différents détails — carcasses d'oiseaux migrateurs, bois de cerfs perdus au printemps ou en automne — lui indiquèrent que cet endroit avait probablement été habité pendant plus d'un an. Et, lorsqu'il repéra dans ses échantillons les os d'une espèce de grouse qui se nourrit de bourgeons de pins, il en conclut que toute la région était autrefois recouverte d'essences à feuilles persistantes.

John Lubbock, un jeune banquier anglais qui préparait un des premiers manuels sur la préhistoire, *Prehistoric times,* visita les sites danois. Comme Keller avant lui, il procédait volontiers à des comparaisons entre les sociétés de l'âge de la Pierre et les peuples primitifs encore vivants. Il constata notamment des similitudes entre les Danois préhistoriques des *kjökkenmöddings* et les Indiens fuégiens d'Amérique du Sud, «qui vivent au bord de la mer, se nourrissent principalement de crustacés et n'ont que le chien comme animal domestique». *Prehistoric*

Un bison, un cerf et un sanglier sont alignés sur le plafond de la Grande Salle d'Altamira (page de gauche), *célèbre pour ses peintures rupestres. Celles-ci, découvertes en 1879, datent de plus de 12 000 ans; elles ont été les premières oeuvres préhistoriques mises au jour à l'époque moderne. Dans les années 1860, Edouard Lartet entreprit des fouilles dans le sud-ouest de la France* (carte). *Il put ainsi prouver les dons artistiques des hommes de l'âge de la Pierre — ainsi cette gravure de mammouth sur ivoire* (ci-contre).

times, publié en 1865, fut un succès de librairie. A partir des sites et des artefacts, Lubbock montrait l'évolution des sociétés humaines, depuis les chasseurs-collecteurs jusqu'aux civilisations raffinées. En se servant du système des Trois Ages, il remontait jusqu'au temps des bifaces et des abris sous roche français — l'âge de la Pierre taillée ou Paléolithique — puis il passait à l'âge de la Pierre polie ou Néolithique, époque des *kjökkenmöddings* danois et des villages lacustres suisses. Les âges du Bronze et du Fer, qui suivaient, étaient beaucoup plus courts que l'âge de la Pierre.

Les étapes technologiques du système des Trois Ages s'accordaient merveilleusement avec la conception victorienne du progrès humain. Pour les Victoriens, la civilisation industrielle était le couronnement des efforts de l'humanité. Durant cette période d'expansion impériale et de nationalisme, il était facile de penser en termes d'évolution et de voir dans la préhistoire une progression ordonnée, inévitable. «Par analogie avec la nature», écrivait Lubbock, «nous pouvons conclure que les plaisirs de l'homme civilisé sont supérieurs à ceux du sauvage». Les jours de l'archéologie à la va-vite étaient comptés: l'exploration des villages lacustres suisses et des tertres danois avait montré ce que des fouilles soigneuses peuvent produire sur un site bien conservé. Le moment était venu d'aborder les recherches archéologiques sous un angle nouveau. C'est un militaire britannique qui allait s'en charger.

Le capitaine Augustus Henry Lane Fox était un homme de grande taille, d'aspect morose et très soupe-au-lait, qui se passionnait pour les armes à feu. En visitant l'Exposition de Londres, en 1851, il fut profondément impressionné par le message symbolique du progrès matériel et des perfectionnements constants de la technologie. Il se mit à collectionner des mousquets et des armes primitives en provenance de toutes les parties du monde, disposant ses objets en séries qui illustraient leur développement progressif — et les progrès réalisés par leurs créateurs et leurs fabricants. En Irlande, en 1864, Fox fit le relevé de fortifications préhistoriques en terre et se prit d'intérêt pour l'archéologie. De retour à Londres, il apprit par le *Times* que 20 tombereaux d'ossements animaux avaient été retirés du chantier de construction d'un entrepôt de laine. Il se précipita aussitôt sur le site, qu'il explora quasi quotidiennement pendant deux mois, récupérant des peausseries romaines,

Chef-d'oeuvre de l'âge de la Pierre, un bison vieux de 12 000 à 15 000 ans se blottit dans un renfoncement de la paroi, à Altamira. Dans un effort pour représenter avec un réalisme tridimensionnel les animaux qu'ils connaissaient, les artistes du Paléolithique exploitaient les saillies naturelles de la grotte pour donner du relief à leurs oeuvres. Une température et un degré d'hygrométrie constants ont préservé les couleurs vives de ces peintures rupestres, qui ont valu à Altamira le surnom de «Chapelle Sixtine de l'âge de Glace».

des éclats d'os. Le général lui-même, ayant découvert des ossements de chevaux, les mesura soigneusement, puis il fit abattre d'autres chevaux, afin d'établir des comparaisons. Il constata que les chevaux d'autrefois étaient plus petits — de la taille d'un poney moderne.

En 1893, Pitt Rivers entreprit des fouilles à Wor Barrow, un tertre néolithique d'un type souvent employé pour les funérailles collectives. Les fouilleurs qui l'avaient précédé s'étaient contentés d'ouvrir les tumulus pour en retirer crânes et poteries. Pitt Rivers, lui, déplaça le tertre tout entier, y compris 16 squelettes, ne laissant subsister qu'une série de bornes de terre, au milieu, pour marquer l'emplacement des strates originales. A une extrémité du tertre, il découvrit, dans la craie, un rectangle de tranchées contenant les restes de poteaux de bois — vestiges d'une vaste construction dans laquelle six des cadavres avaient été déposés. Quatre ans plus tard, Pitt Rivers revint à Wor Barrow, afin de pratiquer de nouvelles coupes transversales dans les fossés préhistoriques entourant le tertre. Plus passionné que jamais par l'investigation archéologique, il voulait vérifier par lui-même comment et à quelle vitesse un fossé crayeux se comble après avoir été recreusé, puis abandonné. Ces données peuvent en effet aider les fouilleurs à juger de l'âge relatif du contenu des fossés. Dans ce domaine, les archéologues d'aujourd'hui suivent encore les interprétations du général.

Pitt Rivers exécrait les fouilleurs qui n'avaient d'autre objectif que d'enrichir les musées. Lui-même, pourtant, avait été un ardent collectionneur, mais cette passion égoïste s'était muée en un souci désintéressé de réunir des informations, de fouiller des sites dans leur intégralité, et surtout de reconstituer la vie quotidienne des peuples préhistoriques à partir d'indices banals. Ses fouilles systématiques allaient exercer sur les archéologues de l'avenir une influence décisive.

Observant que la science pouvait être définie comme «le

bon sens organisé», Pitt Rivers appliqua ce principe à ses propres fouilles. Il n'a pas été, à proprement parler, l'«inventeur» de la fouille scientifique mais, par son discernement, son sens de l'organisation et une perspicacité nuancée de génie, il a fait faire à l'archéologie des progrès décisifs.

Pitt Rivers se consacra à l'apparemment trivial avec tant d'acharnement qu'il passa, aux yeux de beaucoup de ses contemporains, pour un aimable original. Mais, en dépit de l'incompréhension de ses pairs, il s'obstina toute sa vie dans son «excentricité», de même qu'il tint toujours à offrir, le dimanche, un concert gratuit aux visiteurs du musée qui abritait ses collections. Persuadé que l'archéologie devait être intégrée à l'éducation, il déplorait que le grand public n'eût pas le sens de l'histoire. «Ils doivent apprendre les liens entre le passé et le présent», affirmait-il. En cela, comme dans beaucoup d'autres matières ayant trait à l'archéologie, le général semble avoir eu le don de prophétie.

Dans le cimetière de Lindholm Hoje, au Danemark, des navires de pierre (ci-dessus) *mettent le cap sur le Walhalla, le paradis des guerriers vikings. Longtemps ensevelies sous des sables mouvants, quelque 700 tombes datant de 500 à 1000 après J.-C. ont été découvertes ici dans les années 1950 — certaines sous ces bornes naviformes. Les Vikings enterraient aussi leurs morts dans des navires tels que le fameux navire d'Oseberg* (page de gauche, en bas), *exhumé en Norvège en 1904. Cette gravure sur bois d'une flotte* (page de gauche, en haut) *représente des navires moins anciens, copiés sur le modèle viking, qui alliait l'élégance à la rapidité.*

Grèce, 1876 : dans l'antique citadelle de Mycènes, Heinrich et Sophia Schliemann dépouillent de ses richesses le squelette d'un aristocrate grec.

DES TOMBEAUX, DES TEXTES, DES TROPHEES

DEPUIS DES SEMAINES, l'archéologue allemand et sa jeune épouse fouillaient les décombres d'une forteresse perchée au sommet d'une colline, dans le sud de la Grèce. En cette année 1876, les Schliemann, Heinrich et Sophia, avaient décidé de retrouver dans les ruines de l'antique Mycènes les tombes du roi Agamemnon et d'autres héros légendaires de la guerre de Troie, immortalisés par Homère dans l'Iliade. Car, d'après le poète, c'était à Mycènes qu'Agamemnon avait été assassiné par son épouse infidèle et l'amant de celle-ci.

Les Schliemann et leurs ouvriers avaient déterré des milliers de fragments de poteries et découvert un cercle formé d'une double rangée de pierres dressées et plusieurs tombeaux décorés d'auriges en armes. Schliemann, fou de joie, n'avait plus aucun doute : Agamemnon et ses compagnons reposaient bien ici. Le soir venu, il fit allumer des feux de bivouac pour rappeler, écrivit-il plus tard, « le guet chargé par Clytemnestre et son amant d'annoncer le retour d'Agamemnon ».

Schliemann a raconté comment lui et son épouse, se traînant sur les genoux et creusant avec les mains, avaient dégagé de sa gangue de terre une tête d'homme « couverte d'un masque d'or massif ». Le masque reproduisait les traits d'un guerrier à la barbe bien soignée. Un autre masque dissimulait un visage « merveilleusement conservé avec toute sa chair, les deux yeux étaient parfaitement visibles, et la bouche était grande ouverte et montrait trente-deux belles dents ». De peur que le corps ne se réduise en poussière, Schliemann en fit aussitôt exécuter une peinture à l'huile. Puis, pour solidifier la dépouille avant de l'expédier à Athènes, un pharmacien local l'arrosa d'alcool additionné de gomme arabique.

C'étaient les débuts de l'archéologie méditerranéenne, le temps où des rêveurs comme Schliemann, armés seulement de leur connaissance des classiques et d'une copie de l'oeuvre d'Homère, partaient hardiment à la recherche des civilisations antiques. Et, bien que leurs méthodes fussent souvent brutales et maladroites, leurs découvertes suscitaient, partout dans le monde, un intérêt passionné pour l'archéologie. Au moment même où Schliemann et son équipe éventraient Mycènes à la pelle et à la pioche, une nouvelle race d'archéologues était en train de naître — des scientifiques qui enregistraient avec soin les plus infimes détails des temples grecs, accordaient autant d'attention aux menus objets qu'aux monuments spectaculaires accédèrent à la sépulture souterraine des taureaux sacrés Apis, connue aujourd'hui sous le nom de Sérapeum, où des taureaux momifiés reposaient dans d'énormes sarcophages de granit pesant chacun 60 tonnes. Bien que la plupart de ces animaux eussent été depuis longtemps dépouillés de leurs riches ornements funéraires, un des tombeaux, datant de Ramsès II, avait échappé aux voleurs. Dans le sable autour du sarcophage, les empreintes des ensevelisseurs étaient encore visibles.

Le Caire tout entier vibra à la nouvelle des découvertes de Mariette. Parce qu'il avait accepté de céder ses nouvelles trouvailles au Musée Egyptien, celui-ci dut avoir recours à la ruse. De jour, il procédait à la vue de tous au chargement des amulettes et des statuettes trouvées précédemment ; de nuit, il amenait des caisses près d'une entrée secrète du Sérapeum et y emballait des objets de valeur provenant de sépultures que, prétendument, il n'avait pas encore ouvertes. Après avoir ainsi envoyé au Louvre tout l'or et les bijoux de Saqqarah, il organisa, pour les officiels égyptiens désappointés, une visite

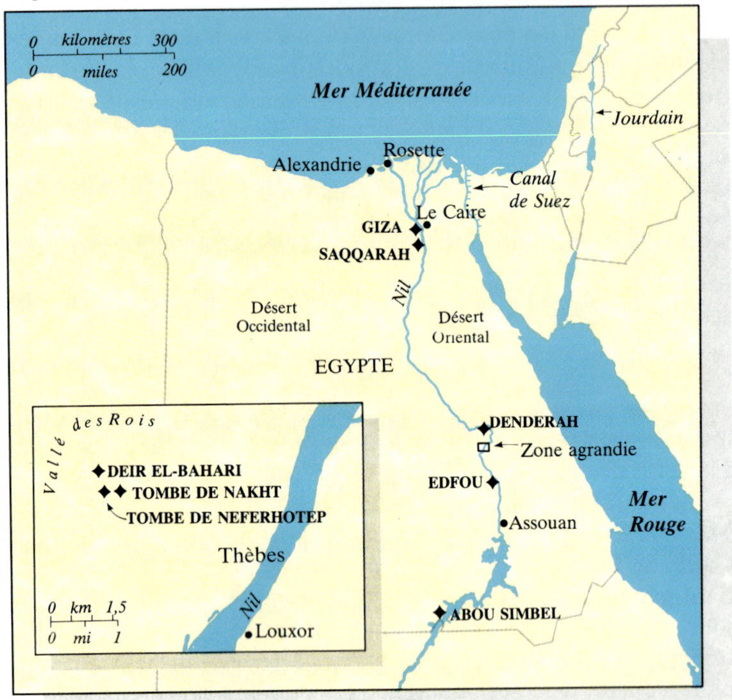

« A demi enseveli, il me semble plus beau que s'il était entièrement exposé. Il me rappelle... le Forum de Rome. » C'est ainsi que l'artiste anglais David Roberts exprimait son admiration devant le temple d'Edfou, qu'il peignit une décennie avant que Mariette n'y entreprît des fouilles, en 1850. Edifié en l'honneur d'Horus, le dieu à tête de faucon, le temple d'Edfou, qui est un des mieux préservés d'Egypte, fut achevé en 57 avant J.-C., sous le père de Cléopâtre. Comme d'autres sites importants (carte), *Edfou n'a cessé de combler les attentes des archéologues.*

guidée des tombeaux vides. Par son ambition et son énergie, Mariette s'acquit l'amitié de personnages influents, dont Ferdinand de Lesseps, le créateur du canal de Suez. Grâce à l'intercession de ce dernier auprès du vice-roi d'Egypte Saïd Pacha, Mariette devint, en 1858, le premier conservateur du Musée Egyptien, qui n'était alors qu'une veille mosquée poussiéreuse, grouillante de vermine. La même année, il monta au nom du gouvernement égyptien une opération archéologique à grande échelle, obligeant tous les hommes des villages voisins à fouiller en même temps plusieurs sites entre le Caire et Assouan.

Mariette travaillait avec frénésie. Ses équipes défonçaient les tombes à la dynamite et au bélier, ses contremaîtres se faisaient obéir à coups de fouets. Les artefacts seuls importaient, l'observation et l'enregistrement des données comptaient pour rien. Les équipes de Mariette vidèrent plus de 200 tombes aux alentours du Caire, nettoyèrent le temple mortuaire de la reine Hatshepsout à Thèbes et expulsèrent les villageois d'Edfou du toit de leur temple enseveli pour pouvoir en dégager les ruines. Si Mariette était peu scrupuleux dans le choix de ses méthodes, ses adversaires — officiels corrompus et commerçants véreux — l'étaient moins encore. Un beau jour, Mariette apprit que le sarcophage de la reine Ahhotep avait été retrouvé intact à Thèbes, et que le gouverneur local, qui cherchait à s'insinuer dans les bonnes grâces de Saïd Pacha, s'était emparé des bijoux de la souveraine pour les lui envoyer. Fou de rage, Mariette réussit à intercepter le bateau du gouverneur, qui descendait le Nil, et, montant à bord, exigea la restitution des joyaux. Sous la menace des armes, les séides du gouverneur lâchèrent prise, et Mariette put remettre lui-même les bijoux au pacha qui, enchanté des exploits de son conservateur, lui fournit les fonds nécessaires pour créer à Boulak un nouveau musée destiné à abriter le trésor de la reine.

C'est en 1867, lorsqu'il présenta une sélection d'antiquités égyptiennes aux visiteurs de l'Exposition internationale de Paris, que le Français connut son heure de gloire. Les bijoux de la reine Ahhotep excitèrent la convoitise de l'impératrice Eugénie, qui fit savoir au pacha combien elle apprécierait un tel présent. « Il y a à Boulak quelqu'un de plus puissant que moi », répliqua le pacha. « C'est à lui que vous devriez vous adresser. » Mariette resta inflexible, au grand mécontentement de l'impératrice, et les joyaux réintégrèrent l'Egypte.

Longue de 35 ans, la carrière d'archéologue de Mariette est jalonnée de 37 chantiers de fouilles. Conservateur avisé, il protégea les antiquités et les maintint en Egypte, contribuant du même coup à ralentir le pillage du Nil. Quand il mourut du diabète, en 1881, l'Egypte en deuil enterra l'homme auquel elle devait tant aux portes de son musée. Mais si admirables qu'ils soient, le dynamisme et la vitalité de Mariette pâlissent devant les prouesses de son successeur, Gaston Maspero. Auteur de plus de 1 200 articles sur l'Egypte ancienne, Maspero hissa l'égyptologie française à un niveau scientifique jamais atteint. Il mit sur pied un vaste réseau d'inspecteurs des antiquités pour contrôler les fouilles étrangères en Egypte. Ses agents lui signalaient systématiquement les activités illégales, surtout à Thèbes, qui était à l'époque un foyer de pillage de tombes, de contrefaçon et d'intrigues.

Depuis longtemps, Maspero entendait parler de l'apparition soudaine, dans des collections privées, de papyrus royaux et de statuettes funéraires — trésors attribués à des souverains dont les tombeaux restaient inconnus. Il suspectait les marchands d'antiquités thébains d'être impliqués dans ce trafic et, résolu à en avoir le coeur net, envoya un de ses agents à Louxor avec mission de se faire passer pour un riche touriste. L'agent fut bientôt sur la piste d'une famille thébaine spécialisée dans le passage en fraude d'antiquités, qu'elle introduisait à Thèbes dans des ballots de vêtements ou des paniers de légumes. Deux des frères furent arrêtés, mais ils refusèrent farouchement de révéler leur source d'approvisionnement, même lorsqu'ils eurent été jetés en prison et battus de verges.

Le temple en terrasses de la reine d'Egypte Hatshepsout, qui régna voici 3400 ans, au temps prospère où les navires égyptiens sillonnaient les mers, se détache sur les falaises roussâtres de Deir el-Bahari (page de gauche), *la nécropole thébaine. Mariette y entama des fouilles en 1858, mais de manière si grossière que, par la suite, il fallut des années aux archéologues pour séparer des amas de déblais les vestiges qu'il avait négligés. Gaston Maspero* (ci-contre), *qui succéda à Mariette comme directeur des Antiquités égyptiennes, se repose un instant, à demi étendu sur les rochers, à l'entrée du passage qui mena son assistant Brugsch, en 1881, à la cachette de quelque 40 momies royales, dont celle d'Aménophis Ier* (ci-contre, en haut). *Roi guerrier, Aménophis contribua à affermir la domination de l'Egypte sur le Proche-Orient et l'Afrique, vers 1500 avant J.-C.*

Trois mois plus tard, toutefois, un des frères revint sur sa position. Non seulement il avoua ses activités de fraudeur, mais il accepta de conduire l'assistant de Maspero, l'Allemand Emile Brugsch, à la cachette du butin : une crevasse dans les rochers, de l'autre côté du Nil. Redoutant de confier sa vie à un pilleur de tombes patenté, Brugsch ne tenta l'aventure que bien armé. A l'aide d'une corde, il se laissa glisser dans la faille, qui ouvrait sur un puits profond de 11 m environ. Arrivé au fond, il s'engagea dans une galerie longue d'une soixantaine de mètres et, aussitôt, l'émerveillement eut raison de ses craintes : il venait d'apercevoir, gisant pêle-mêle sur le sol, des sarcophages et des objets cultuels, des jarres d'albâtre, des vases à libations en bronze et des statuettes. Au fur et à mesure qu'il avançait, la lueur vacillante de sa torche lui révélait d'autres cercueils, occupés par les momies des plus grands pharaons d'Egypte et de leurs épouses — Ramsès II, Séthi Ier, Amosis Ier le Libérateur, Thoutmosis III. Cette découverte expliquait pourquoi, dans la Vallée des Rois, tant de tombeaux étaient vides. Pour faire échec aux voleurs, les prêtres avaient autrefois dissimulé, au fond de cette crevasse presque inaccessible, 40 momies royales. Et, de fait, leur cachette avait échappé aux recherches pendant 3 000 ans.

Brugsch eut tôt fait d'embaucher 300 ouvriers pour trans-

A Thèbes, les appartements souterrains des morts sont décorés de scènes de la vie quotidienne. Dans la tombe de Nakht (à gauche), *un scribe royal qui mourut vers 1400 avant J.-C., une peinture murale représente des paysans en train de vanner. Non loin de là, dans la sépulture de Neferhotep, un prêtre du dieu Amon, des pleureurs escortent le défunt à travers le Lac Sacré des Morts* (ci-dessus). *L'artiste anglais John Gardner Wilkinson copia la scène au début du XIX*^e^ *siècle. Ses dessins sont le seul souvenir qui nous reste de beaucoup de ces peintures funéraires, endommagées depuis lors par le temps et les chercheurs de trésors.*

un cercle régulier. Pour Schliemann, il s'agissait sans aucun doute de l'agora de Mycènes et, comme il se rappelait avoir lu dans un texte du géographe grec Pausanias la description d'un cercle de pierres similaire, qui servait à la fois aux délibérations des sages et à l'inhumation des héros, il annonça fièrement, avant d'en avoir la moindre preuve, qu'il avait repéré les tombes d'Agamemnon et de son père Atrée.

Quatre mois plus tard, Schliemann localisa le premier d'une quinzaine de corps déposés dans cinq tombeaux. Les squelettes étaient parés de bijoux, de masques funéraires en or, de diadèmes délicatement ciselés, de brassards, de ceintures et de plastrons gravés, et entourés de gobelets d'or et d'argent, de vases d'albâtre et d'armes ornées d'incrustations. Devant ce trésor, un des plus fabuleux jamais déterrés par les archéologues, Schliemann ne se tint plus de joie. Après la découverte des masques d'or, il télégraphia au roi de Grèce: «J'ai contemplé le visage d'Agamemnon!» Il se trompait. Selon les archéologues d'aujourd'hui, ces reliques datent de trois ou quatre siècles avant la guerre de Troie, qui s'est déroulée de 1193 à 1184 avant J.-C. Jusqu'ici, les corps masqués n'ont pu être identifiés. Quoi qu'il en soit, ce nouveau succès de Schliemann rejaillit sur l'archéologie tout entière. Troie et Mycènes faisaient la première page de tous les journaux et le sujet de toutes les conversations. Mais, dans le même temps, d'autres archéologues allemands amorçaient discrètement une révolution dans les méthodes de fouilles.

En 1873, Alexander Conze, accompagné de deux architectes et d'un photographe, entreprit des travaux à Samothrace, une petite île montagneuse de la mer Egée célèbre pour le culte à mystères des Kabires, dont les fidèles s'étaient recrutés dans toute la Grèce antique. D'après Homère, c'était de ses hauteurs que Poséidon, le dieu de la mer, avait suivi les opérations de la guerre de Troie. Travailleur méthodique et appliqué, Conze était plus intéressé par l'information que par le spectaculaire.

Bien que, selon les critères modernes, ses méthodes fussent encore assez primitives, ses fouilles furent bien plus méticuleuses que celles de ses prédécesseurs. Ses architectes prirent les mesures des bâtiments cultuels et du téménos, firent le levé d'une longue stoa et réunirent une foule d'informations précieuses sur l'architecture grecque. L'énorme *Rapport Samothrace,* qui fut la première publication archéologique illustrée de photographies, contenait des reconstitutions architecturales si détaillées que des blocs de pierre isolés trouvaient place dans le plan d'ensemble. Par rapport aux fouilles de Schliemann, le contraste était total !

L'exemple de Conze ne fut pas perdu pour l'Institut allemand d'archéologie, qui enseignait l'archéologie classique à de jeunes savants et les formait au travail d'équipe, lequel associait sur les sites importants les talents d'architectes, de dessinateurs et d'archéologues. En 1875, l'Institut entama des travaux en Grèce, à Olympie, la ville des premiers Jeux Olympiques. Le

*« J'ai contemplé le visage d'Agamemnon ! », s'écria Schliemann, lorsque lui et sa femme eurent ouvert la cinquième tombe de Mycènes. Les trésors qu'ils exhumèrent comprenaient ce masque funéraire très expressif, à la barbe soigneusement peignée. Schliemann, toutefois, était dans l'erreur : d'après les archéologues modernes, le masque daterait du XVI*e *siècle avant J.-C., donc de 300 ans avant le règne du légendaire Agamemnon. Même s'il l'avait su, cependant, Schliemann aurait encore eu bien des raisons de se réjouir. Les tombes de Mycènes recelaient d'incroyables richesses — joyaux, coupes, vases, et la grande couronne d'or que l'on voit ci-dessus.*

d'or ; ils se bourraient d'or ; ils le convoitaient comme des porcs. » Deux ans plus tard, la civilisation aztèque s'effondrait sous les coups des Espagnols. Et, en l'espace de quelques générations, la plus grande partie de l'or fut fondue pour remplir les caisses des souverains européens.

Une poignée de missionnaires catholiques, dont Sahagun, tenta cependant une approche de l'histoire et de la culture indiennes. Dès son arrivée au Mexique en 1529, Sahagun apprit le nahuatl, la langue des Aztèques. Ensuite, lui et d'autres religieux réunirent, dans leurs principales missions, des Aztèques âgés qu'ils interrogèrent longuement sur les jours antérieurs à la conquête. Comme les Indiens faisaient confiance à Sahagun, ils lui racontèrent leur passé en pictogrammes, « car c'était l'écriture qu'ils employaient autrefois ». Avec eux, Sahagun remonta le temps jusqu'à l'époque où leurs ancêtres, s'étant installés dans la vallée de Mexico, avaient entrepris de s'assurer une position dominante sur l'ensemble du Mexique. D'abord simple hameau, leur capitale était devenue, en moins de 200 ans, une vaste cité de quelque 200 000 habitants. De leurs récits, Sahagun tira une oeuvre, l'*Histoire générale des choses de la Nouvelle-Espagne,* à laquelle il consacra sa vie et qui, publiée au XIXe siècle, est considérée aujourd'hui comme un témoignage inappréciable sur les coutumes aztèques.

Un autre missionnaire espagnol, Diego de Landa, eut l'occasion d'admirer les constructions mayas de la péninsule du Yucatan, au Mexique. Pendant quelque 650 ans, les Mayas avaient régné sur les basses terres du centre du Yucatan, envahies par la jungle, et sur les hautes terres volcaniques qui s'étendaient vers le sud, à travers le Guatemala, jusqu'au Honduras et au Salvador. Et, tout au long de cette période dite classique, leur civilisation s'était développée autour de centres urbains, qui s'enorgueillissaient de vastes places cérémonielles, de pyramides et de marchés animés. Commerçants, artisans et fermiers, les Mayas étaient gouvernés, au sein de petites cités-Etats, par des souverains en concurrence les uns avec les autres pour le pouvoir et le prestige. Dans les basses terres, leur civilisation s'effondra vers 900 après J.-C.

Les Mayas nous ont laissé des monuments spectaculaires, temples richement ornementés et pyramides altières,« tous en pierres très bien taillées, bien qu'il n'y ait dans ce pays aucun métal avec lequel ils aient pu travailler », soulignait en 1566 l'évêque Diego de Landa. Celui-ci, qui avait torturé et empri-

Pour les archéologues qui cherchent à reconstituer les cultures indiennes du Nouveau Monde, peintures, mounds et objets funéraires sont autant de pièces d'un immense puzzle. Au XVIIIe *siècle, les fondateurs de Marietta, dans l'Ohio, ont préservé un des mounds indiens de leur ville* (ci-dessus) *mais, ailleurs, nombre d'ouvrages en terre ont été rasés ou saccagés par les immigrants. Une pipe à effigie en pierre* (à droite), *trouvée dans la vallée de l'Ohio, révèle le sens artistique des sculpteurs qui ont vécu il y a 1 600 ans. Parmi les portraits d'Indiens, très précis, réalisés par le colon anglais John White vers 1585 figure celui de cette femme tatouée* (à gauche). *Des hiéroglyphes et des dieux couvrent les pages de ce codex aztèque* (à l'extrême gauche), *un livre plié en accordéon, aux pages d'écorce. Les missionnaires espagnols ont brûlé beaucoup de ces ouvrages, qu'ils jugeaient païens, mais ceux qui restent sont représentatifs d'un système d'écriture éclatant de symbolisme : le bouclier et les flèches signifiaient la guerre, et les arabesques semblables à des langues, la parole.*

Longueur 9 cm

sonné quantité d'Indiens, fut finalement rappelé en Espagne pour y être jugé. Avant son départ, toutefois, il prit encore le temps de détruire des dizaines d'«idoles» et de brûler «une grande quantité de livres», parce qu'«ils ne contenaient rien en quoi on ne pût voir supersititions et mensonges du Malin». La «flamme purificatrice» allumée par l'évêque anéantit probablement des siècles d'archives mayas. Pendant les trois siècles suivants, les spéculations sur les origines des Indiens habitant les Amériques allèrent bon train. Etaient-ils des descendants de Noé? Des survivants du légendaire continent englouti de l'Atlantide? Des descendants des Dix Tribus Perdues d'Israël — exilées, selon la Bible, après leur défaite face aux Assyriens au huitième siècle avant J.-C.? Et, dans tous les cas, comment avaient-ils gagné le Nouveau Monde?

Vers 1760, dans les colonies britanniques du nord, seuls quelques missionnaires, explorateurs et marchands s'étaient aventurés à l'ouest des monts Alleghany. Mais, lorsque le traité de Paris eut mis fin à la guerre coloniale franco-anglaise, en 1763, le Middle West s'ouvrit aux immigrants. En défrichant leurs terres, ces fermiers furent surpris de découvrir des milliers de tertres ou *mounds* élevés par l'homme. Ils les fouillèrent dans l'espoir d'y trouver de l'or ou de l'argent mais, au lieu d'objets précieux, ils n'en tirèrent que des squelettes humains, des armes et des outils, d'étranges ornements de cuivre et de mica, et des pipes en pierre sculptées en forme d'animaux.

L'origine de ces mystérieux monuments intriguait les érudits autant que les colons. Jugeant impossible que de simples «sauvages» pussent être les auteurs de travaux aussi remarquables, les savants américains de l'époque se tirèrent d'affaire en les attribuant à une civilisation ancienne depuis longtemps disparue — race supérieure probablement originaire de l'étranger. Ainsi naquit le mythe des «Mound builders», les constructeurs de tumulus. Quelques intellectuels seulement s'opposèrent à cette théorie. Thomas Jefferson, un des premiers archéologues américains, était du nombre. En 1781, il entreprit la rédaction de ses *Notes on the State of Virginia,* traité portant sur la philosophie, la géographie, l'histoire naturelle et les habitants anciens et modernes de l'Etat où il vivait. Fasciné par les «Mound builders», il décida de creuser le problème. Pour cette expérience, il choisit un mound de terre et de pierres sèches, assez bas, qui se dressait près de Charlottesville, dans le centre de la Virginie.

C'est en 1883 que le conservateur de musée Frédéric Putnam vit pour la première fois cette «image d'un temps très ancien» qu'est le mound du Grand Serpent (à gauche), *élevé par les Indiens voici 13 à 30 siècles. Craignant que ce tertre de près de 400 m de long, qui affecte la forme d'un serpent, ne soit détruit par les chercheurs de trésors, il réussit à réunir assez d'argent pour l'acheter. Il se dresse aujourd'hui, intact, dans un parc national de l'Ohio. Ce visage vieux de 2 000 ans* (ci-contre), *découpé dans une feuille de mica, provient d'un autre mound de l'Ohio.*

Hauteur 16 cm

Les habitants des Amériques avaient déjà une longue histoire lorsque Colomb, qui cherchait les Indes, les baptisa Indiens en 1492. Des cultures nombreuses et variées se sont épanouies, tant au nord qu'au sud du Rio Grande. La carte en indique trois au sud. Les Mayas lettrés étudiaient les cieux et rappelaient les exploits de leurs souverains sur des stèles de pierre surchargées de portraits et de glyphes. Mais leur âge d'or se termina vers 900 après J.-C., sans doute sous l'influence de la sécheresse, de la surpopulation et des difficultés économiques. A partir de leur capitale Cuzco, les Incas établirent un vaste empire, qui s'étendait, du nord au sud, sur 4 000 km. Mais il était fragile: en 1532, il succomba aux attaques de quelques centaines d'Espagnols. Au Mexique, les Aztèques construisirent Tenochtitlan, une prestigieuse capitale, riche de pyramides et de palais. Persuadés d'être les enfants du dieu Soleil, ils abreuvaient leur divinité de sang humain. Mais leur essor fut brisé par l'arrivée des Européens.

Dès le début des fouilles, il mit au jour, à différentes profondeurs, «des collections d'ossements humains», qui semblaient avoir été «versés pêle-mêle d'un sac ou d'un panier». Il ouvrit ensuite une large tranchée à travers le mound, afin de «pouvoir en examiner la structure interne». A une des extrémités de la tranchée, il découvrit quatre couches superposées d'ossements humains, séparées les unes des autres par de la terre et des pierres. Sans aucun doute, il avait pénétré dans un tertre funéraire. Mais qui l'avait érigé? Et pourquoi? Jefferson examina minutieusement les squelettes. Comme ils ne portaient aucune trace de balle ni de flèche, il ne s'agissait pas des victimes d'une guerre. Il en conclut que chaque couche d'ossements avait été recouverte de terre jusqu'à ce que le mound, qui avait servi de tombe collective pendant un long laps de temps, eût atteint une hauteur de 3,5 m.

Trente ans plus tôt, un groupe d'Indiens de passage «étaient restés longtemps plantés devant le tertre, composant leurs attitudes pour exprimer l'affliction». En apprenant cette histoire, Jefferson n'eut plus aucun doute: il avait découvert une sépulture indienne. Mais, en la matière, peu de ses confrères étaient disposés à écouter la voix de la raison. La plupart des archéologues en chambre, qui ne savaient pas grand-chose des Indiens, avaient, à l'égard des constructeurs de tumulus, un parti pris théologique ou racial, et tous les fouilleurs de tumulus espéraient trouver un jour, sous une levée de terre, le hiéroglyphe égyptien ou la poterie israélite qui permettrait d'identifier enfin cette race mystérieuse. Un des plus enthousiastes était Caleb Atwater, un receveur des postes de l'Ohio qui, dès 1820, avait arpenté des dizaines de mounds dans la vallée de la rivière Ohio.

A l'heure actuelle, certains des tumulus décrits par Atwater n'existent plus. A Newark (Ohio), il mesura un fort octogonal qui s'étendait sur 16 hectares. Atwater refusait d'admettre que les mounds avaient été élevés par les Indiens, dont «les

Longueur
5 cm

Des fouilleurs mettent à nu un tertre funéraire indien. Ce panorama fantaisiste illustrait les conférences de Montroville Dickeson, un collectionneur qui prétendait avoir ouvert un millier de mounds. Les pointes de lance en silex étaient très appréciées des collectionneurs. La pointe de Folsom (ci-contre) *fut découverte en 1927, fichée entre les côtes d'un bison de l'âge de Glace, dans une ravine* (à gauche) *près de Folsom, au Nouveau-Mexique. La preuve était faite que des chasseurs avaient vécu en Amérique il y a au moins 10 000 ans.*

Destinée aux archives officielles espagnoles, l'étude de Del Rio n'aurait sans doute jamais été publiée si un médecin britannique n'en avait pas vendu une copie, obtenue au Guatemala, à un éditeur londonien. L'ouvrage, qui parut en traduction anglaise en 1822, fut accueilli avec indifférence. A l'époque, l'Europe ne s'intéressait qu'à l'Egypte. Mais le roi d'Espagne, qui avait de la suite dans les idées, chargea Guillermo Dupaix, un officier de l'armée espagnole à la retraite, de compléter le rapport de Del Rio par un examen plus vaste des ruines mexicaines. De 1805 à 1807, Dupaix, accompagné d'un artiste, parcourut la vallée de Mexico, Oaxaca et les basses terres mayas. Le point culminant de son voyage fut Palenque, où il admira des figures en pierre «dressées et proportionnées», qui avaient «une certaine expression de dignité». Du coup, il s'imagina que la cité n'avait pu être construite que par des descendants des légendaires Atlantes.

L'une des rares personnes à s'intéresser aux travaux de Dupaix fut Lord Kingsborough, un riche Irlandais qui croyait que les Mayas et les Aztèques descendaient en droite ligne des Dix Tribus Perdues d'Israël. Ayant copié tous les documents, iconographiques et autres, qu'il put trouver sur les Mayas, il les assembla en neuf énormes volumes, qu'il publia, entre 1829 et 1848, sous le titre *Antiquities of Mexico.* Cette entreprise le ruina: criblé de dettes, il mourut en prison. Mais ses livres, ainsi que la traduction anglaise de l'obscur rapport de Del Rio, illustrée par le Français Jean Frédéric Waldeck, lancèrent deux aventuriers sur les traces des anciens Mayas.

John Lloyd Stephens était un homme de loi new-yorkais épris de voyages. En 1834, après un long vagabondage à travers l'Europe, il poussa jusqu'à Constantinople et Moscou avant de revenir à Paris. Il remonta ensuite le Nil en bateau, avant de traverser la péninsule du Sinaï à dos de chameau, pour rallier Petra, en Jordanie. Là, il suivit, «entre deux parois vertigineuses, qui s'élèvent jusqu'à une centaine de mètres de hauteur»,

« Ces sculptures ne sont pas l'oeuvre de sauvages », affirma Stephens, impressionné par cette « idole brisée » de Copan (en haut à gauche), *et par les « vastes constructions » et les pyramides « richement ornementées »* d'Uxmal (ci-dessus). *A Copan, en janvier 1893, l'archéologue américain John G. Owens* (ci-contre) *dirige des porteurs chargés des moulages en papier mâché d'un « manuscrit de pierre », le grand « escalier aux hiéroglyphes ». Mort de la malaria trois mois plus tard, Owens fut inhumé sous la grande place de Copan.*

CH. BARBANT Sc.

un étroit ravin «planté de figuiers sauvages et de lauriers-roses», à l'extrémité duquel il aperçut «un beau temple très ornementé, taillé dans le roc, avec des rangées de colonnes corinthiennes qui se détachent sur la façade aussi nettement que si elles étaient sorties hier des mains du sculpteur». Captivé, Stephens devint, du jour au lendemain, un mordu de l'archéologie. A Londres, en 1836, Stephens rencontra Frederick Catherwood, un architecte et artiste britannique qui revenait d'un long séjour en Egypte et en Terre Sainte. Catherwood, qui avait plusieurs cordes à son arc, avait restauré des mosquées au Caire, dessiné d'anciens temples égyptiens et même construit des voies ferrées.

Catherwood ne tarda pas à ouvrir un cabinet d'architecte à New York, tandis que Stephens tirait profit de ses voyages en écrivant deux best-sellers sur l'Arabie et l'Europe de l'Est. Tous deux tinrent bientôt la vedette dans les milieux littéraires new-yorkais, où ils entendirent parler des mystérieuses cités mortes du Mexique et de l'Amérique centrale. Elle était là, l'aventure à laquelle ils aspiraient! En octobre 1839, ils quittèrent New York pour l'Amérique Centrale. Stephens avait accepté une mission diplomatique qui devait, en principe, faciliter leurs relations avec les autorités locales, traditionnellement soupçonneuses. Cinq semaines plus tard, ils arrivèrent au petit village de Copan, au Honduras, «une demi-douzaine de huttes misérables, aux toits de chaume». Le jour suivant, un des villageois les conduisit, à travers la forêt tropicale, jusqu'à un cours d'eau qu'ils traversèrent à gué. De l'autre côté, des terrasses et des pyramides disparaissaient sous la végétation. Leur guide leur tailla un passage à la machette jusqu'à «quatorze monuments, dont certains n'étaient pas inférieurs par la forme aux plus beaux monuments égyptiens».

Stephens médita longuement sur la cité abandonnée. «Elle s'étendait devant nous, barque délabrée au milieu de l'océan, ses mâts arrachés, son nom effacé, son équipage disparu, sans personne pour dire d'où elle venait...» Autour d'eux se dressaient les silhouettes sombres des ruines, cernées par la forêt. «Le seul bruit qui troublât le calme des environs était le craquement des branches sèches brisées par le poids des singes qui bondissaient d'un arbre à l'autre. Ils allaient et venaient au-dessus de nos têtes, par groupes de quarante ou cinquante à la fois.» Les ruines envahies par la jungle s'étendaient sur des kilomètres, en une profusion de cours et de temples, d'escaliers grimpant à l'assaut des terrasses et des pyramides, et de stèles de pierre couvertes de motifs sculptés, si insolites que le pauvre Catherwood eut toutes les peines du monde à les copier. Gêné par le manque de lumière et par les pluies incessantes, il dut travailler les pieds dans la boue, les mains gantées pour se protéger des moustiques.

Pendant que Catherwood dessinait, Stephens envisageait d'emporter une des stèles pour l'exposer à New York. Les ruines, toutefois, appartenaient à un certain Don José Maria, à qui Stephens décida d'acheter Copan. Avec son «costume

Ballotté à dos d'Indien vers la grande aventure, le photographe Claude Joseph Désiré Charnay (page de gauche) *est le type même du pionnier que rien n'arrête. Pour photographier les monuments mayas, le stoïque Français, inspiré par les best-sellers de Stephens, se risqua en 1882 avec un appareil aussi volumineux que primitif, sur une piste «où les Indiens ne font pas confiance à leurs propres bêtes». Après avoir dressé son trépied dans la jungle* (ci-contre) *et enduit d'émulsion de lourdes plaques de verre, Charnay s'efforçait de photographier ce que d'autres s'étaient contentés de dessiner. Il connut de «terribles échecs», mais sa foi dans «la photographie comme témoin» contribua à faire de l'appareil photographique un outil archéologique essentiel. Ses photographies de la cité maya de Chichen Itza, parmi lesquelles figurait ce temple à la façade sculptée* (ci-dessus), *donnèrent à la description des ruines mayas une dimension nouvelle.*

première capitale de Manco Inca, en amont de la rivière Vilcabamba. Là, il entendit parler d'Espiritu Pampa, une autre cité inca, au fond de la vallée de la Pampaconas. Mais, quand il l'atteignit, après plusieurs jours de marche sur des pistes détrempées, la vue de ses bâtiments en ruine envahis par la végétation ne fit qu'augmenter sa perplexité. Laquelle de ces trois villes était la cité perdue de Vilcabamba ?

Bingham retourna à Machu Picchu en 1912, 1913 et 1915, aux frais de la National Geographic Society et de l'université de Yale. Son équipe dégagea les ruines, les fouilla et dressa le plan de la région environnante. Finalement convaincu que Machu Picchu était Vilcabamba, Bingham soutint ce point de vue jusqu'à sa mort, en 1956. Il ne fut contredit qu'en 1964, lorsque l'explorateur américain Gene Savoy, ayant suivi ses traces jusqu'à Espiritu Pampa, y découvrit des sanctuaires, des rues, des fontaines, des canaux, des ponts et quelque 300 maisons?les vestiges d'une cité beaucoup plus vaste que Bingham ne l'avait soupçonné. Dans le palais de 12 pièces, Savoy retrouva des tuiles grossières, imitation inca de l'architecture espagnole. Cette découverte, ajoutée au fait que des chroniques espagnoles, basées sur les témoignages de religieux et de conquistadors, situaient Vilcabamba dans cette vallée reculée, au coeur de la forêt tropicale, persuada Savoy que Bingham s'était trompé : le dernier refuge de Manco Inca n'était pas Machu Picchu mais Espiritu Pampa.

Mais l'Amérique du Sud n'avait pas encore livré tous ses secrets. Cinq ans plus tard, les archéologues américains Michael Moseley et Carol Mackey, patronnés par la National Geographic Society et la National Science Foundation, entreprirent des fouilles à Chan Chan, l'ancienne capitale du royaume de Chimu, sur la côte péruvienne. Cet immense ensemble urbain était dominé par des citadelles labyrinthiques, construites par des souverains qui régnaient sur un vaste territoire, du sud de l'Equateur à Lima, au Pérou. De ses ruines, les fouilleurs ont tiré la description d'une civilisation puissante, qui s'était donné des routes, un système d'irrigation, des impôts et aussi des lois, et dont les Incas s'inspirèrent après qu'ils eurent conquis Chimu vers 1470 après J.-C. Tôt ou tard, de nouvelles découvertes répondront à des questions qui n'étaient même pas encore formulées lorsque le passé enterré de Chan Chan fut mis au jour pour la première fois.

Hauteur 20 cm

Dans un dédale de murs en forme de ruches (à droite), *deux détectives de l'archéologie repèrent les limites de la cité morte de Chan Chan, au Pérou. Chan Chan domina les 1 500 km de l'empire côtier de Chimu, qui fut conquis par les Incas vers 1470. Les souverains de Chimu vivaient dans de vastes citadelles et, à leur mort, des jeunes femmes les accompagnaient dans l'autre monde. Enterrée avec une momie, quelque part au sud de Chan Chan, cette poupée tissée* (à gauche) *est vieille de 500 ans.*

L'amphithéâtre de Pergame (ci-dessus) *ne compte pas moins de 15 000 sièges. Le dernier roi, qui n'avait pas d'héritier, légua sa cité à Rome en 133 avant J.-C.* A l'extrême droite : *en 1879, les archéologues Alexander Conze (dans l'embrasure) et Karl Humann (à sa droite) s'octroient une pause avec leur équipe, la première qui fouilla Pergame. L'année précédente, ils avaient exhumé le Grand Autel de Zeus et d'Athéna, érigé au IIe siècle avant J.-C. Ce dessin du XIXe siècle* (ci-contre) *illustre la prouesse des ouvriers de Conze.*

rent leur système d'écriture. Rares furent les confrères d'Oppert qui prirent ses Sumériens au sérieux. Mais, en 1877, un autre Français, Ernest de Sarzec, fut nommé vice-consul dans la petite ville portuaire de Bassorah, dans le sud-est de l'Iraq. Enthousiaste et dynamique, Ernest de Sarzec meublait ses loisirs en faisant de l'archéologie. Les tertres jonchés de tessons, de briques à inscriptions et de fragments de sculptures excitèrent sa curiosité. Ayant embauché quelques ouvriers, il entreprit des fouilles à Tello, un groupe de mounds situé à plus de 150 km au nord-ouest de Bassorah.

Lors de sa première promenade sur le site, Ernest de Sarzec avait remarqué, surgissant du plus important des tertres, le haut d'un buste en dolérite noire de Goudéa, un des plus puissants gouverneurs de la cité-Etat sumérienne de Lagash. Un an plus tard, quand ils découpèrent le tertre en tranches, ses ouvriers mirent au jour le reste du buste, ainsi que six autres statues de Goudéa. Les mains jointes et le visage calme, le gouverneur respirait la confiance en soi. Ses effigies, comme nombre d'autres sculptures datant de la fin du troisième millénaire avant J.-C., comptent parmi les oeuvres les plus impressionnantes de la sculpture mésopotamienne.

Le gouvernement français fournit à Sarzec les fonds nécessaires pour continuer ses fouilles et, plus tard, le Louvre lui acheta ses collections. En plus des sculptures, ses fouilleurs avaient exhumé une multitude de tablettes cunéiformes — vastes archives datant des premiers temps de l'histoire mésopotamienne. Après cette découverte de la cité-Etat sumérienne, siège de la première société lettrée du monde, la Mésopotamie attira un nombre toujours croissant d'archéologues. En 1888, un groupe de Philadelphiens, espérant que l'examen des tablettes cunéiformes et d'autres artefacts à inscriptions prouverait la vérité historique de l'Ancien Testament, envoya le révérend John Peters à Nippur, une cité sumérienne située à quelque 150 km au sud-est de Bagdad. Peters, qui était professeur d'hébreu à l'université de Pennsylvanie, se fit accompagner par un assyriologue distingué, Herman V. Hilprecht.

D'emblée, l'aspect de la ville les consterna. Les tells de Nippur, nés de l'accumulation de ses ruines, dominaient le désert comme des montagnes. Hilprecht prédit qu'il faudrait, pour leur arracher leurs secrets, plus d'un demi-siècle d'efforts — et il avait raison: les fouilles, interrompues entre 1901 et 1948, se poursuivent encore aujourd'hui. Pour creuser à travers les épaisseurs de moellons et de briques crues, Peters n'embaucha pas moins de 250 ouvriers arabes. Mais, bientôt, des disputes éclatèrent entre ceux-ci et les gardes turcs. L'incendie du camp de fouilles fut le point culminant des hostilités: en quelques minutes, les huttes de roseau furent réduites en cendres. En dépit de ces incidents, la première saison ne fut pas improductive. Peters récupéra plus de 2 000 tablettes cunéiformes et découvrit la preuve que le site de Nippur avait été occupé depuis les temps préhistoriques jusqu'au neuvième siècle avant J.-C. Dès son retour, l'année suivante, il entreprit de déblayer la ziggourat de la ville, une pyramide à terrasses qui avait été le socle d'un temple. Une troisième expédition, dirigée par John Haynes, mit au jour 21 000 inscriptions. Les fouilles, cependant, se faisaient souvent au hasard, et les détails architecturaux étaient négligés. Les fouilleurs ne prirent même pas la peine de dresser le plan du site; ce fut un ingénieur hongrois de passage qui s'en chargea.

En mars 1900, Hilprecht prit la direction des fouilles.

« Chaque tranchée ouverte à partir de ce moment », affirma-t-il plus tard, « l'a été dans le seul but de dégager systématiquement les bâtiments et de recueillir des données sur l'histoire et la topographie de l'ancienne Nippur ». Il détermina l'emplacement des murs de la cité, effectua le levé des bâtiments et acheva de fouiller la ziggourat. Quant aux artefacts, ils restaient les bienvenus, mais leur recherche ne conditionnait plus le déroulement des fouilles. D'une cache de tablettes cunéiformes ouverte par ses fouilleurs, Hilprecht tira des hymnes, des poèmes, des récits mythiques, des observations astronomiques, des actes juridiques, des tables de multiplication et même l'équivalent sumérien d'un abécédaire. Pour satisfaire sa curiosité professionnelle, l'assyriologue disposait désormais de plus de 30 000 tablettes. Aujourd'hui encore, au Musée de l'université de Pennsylvanie, à l'Oriental Institute de l'université de Chicago et à Istanboul, des chercheurs travaillent à les déchiffrer.

Grâce aux tablettes de Nippur, les Sumériens passèrent de la légende à la réalité. Premiers bâtisseurs de villes du monde, ils avaient inventé l'écriture cunéiforme et ils connaissaient la roue et la voile. Chicaniers et infatués d'eux-mêmes, ils adoraient la richesse, le pouvoir et la liberté personnelle. Ils savaient profiter de l'existence mais vivaient cependant dans un état de tension perpétuelle, que justifiaient les exigences de leurs dieux et la fragilité de leur environnement semi-aride. Si habile que fut Hilprecht, toutefois, il se heurtait comme les autres fouilleurs à une difficulté apparemment insoluble : comment identifier à coup sûr un mur de briques crues ? Comme le sud de la Mésopotamie était plutôt aride, les Sumériens, pauvres en bois d'oeuvre, avaient construit la plupart de leurs bâtiments en briques séchées au soleil, et leurs murs, après s'être lentement effrités, avaient fini par retomber en poussière. Les fouilleurs, incapables de les distinguer de la blocaille, se lamentaient sur leur impuissance. Mais l'ingéniosité germanique allait résoudre le problème.

Les Allemands ne se joignirent activement aux fouilles mésopotamiennes qu'à la fin des années 1880, lorsqu'ils commencèrent à expérimenter de nouvelles techniques pour distinguer les fondations des maisons en brique crue. En 1897, un de ces pionniers, Robert Koldewey, proclama hardiment son intention de déblayer les ruines de la cité royale de Nabuchodonosor, à Babylone. L'entreprise semblait pourtant presque impossible. Babylone, la plus grande ville de l'ancienne Mésopotamie, s'étendait en effet sur plus de 850 ha, alors que Nippur n'en couvrait que 160. Elle était protégée par un mur d'enceinte extérieur de 18 km de long. Koldewey se retrouva devant une vaste succession de tertres informes et de cuvettes. « Pour ceux qui sont accoutumés à la Grèce et à ses vestiges », remarqua-t-il, « il est difficile de voir dans ces monticules des ruines dignes de ce nom. Pas de blocs de pierre, pas de colonnes... Il n'y a partout que des ouvrages en briques. » Très consciencieux, Koldewey forma des équipes de fouilleurs chargées tout spécia-

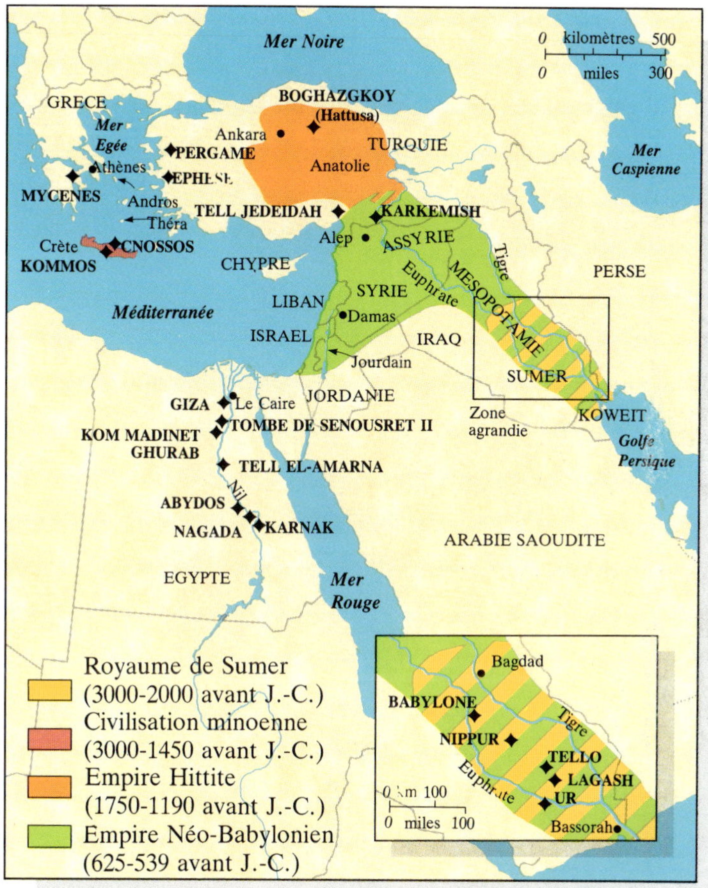

Le temple d'Enlil (page de gauche), *dédié voici 4 000 ans au dieu sumérien du vent et de la tempête, affronte à nouveau les éléments dans la cité sainte de Nippur. En 1895, des ouvriers enlèvent, dans des paniers, les déblais des fouilles organisées par le Musée de l'université de Pennsylvanie. La tour carrée, au centre, marquait les niveaux de fouilles. Edifié sur une ziggourat (pyramide à gradins) à présent ensevelie sous le sable et la blocaille* (ci-contre), *le temple domine les plaines désertiques de l'Iraq. Les Sumériens construisirent les premières cités connues, élaborèrent le premier système d'écriture, et commercèrent dans toute la Mésopotamie et au-delà* (carte). *Sur ces entrefaites, la civilisation minoenne s'épanouit dans la Méditerranée, autour de la riche cité de Cnossos, en Crète. Les belliqueux Hittites, pionniers de la fonte du fer, se distinguaient aussi comme sculpteurs et législateurs. Les Néo-Babyloniens rétablirent brièvement la puissance babylonienne dans l'ouest de l'Asie, après le déclin de l'ancien empire, vers 1595 avant J.-C.*

pierre précieuse. Bientôt, un petit grenat apparut, pas plus gros qu'une tête d'épingle. C'était le deuxième oeil! Mais où était sa monture? Je me souvins d'avoir lavé un grain d'or. Je le récupérai, et il ne me resta plus qu'à sertir l'oeil.»

La négligence dont avaient fait preuve la plupart des fouilleurs qui l'avaient précédé indignait Petrie. «Ils semblent avoir travaillé sans aucun plan», se lamentait-il. «Souvent même, il leur est arrivé d'abandonner des fouilles en cours de route. Après leur départ, les sites se sont rapidement dégradés, et rien n'a été fait pour leur conservation. C'est un spectacle qui me rend malade...» Pour Petrie, l'archéologie était l'art de «tisser l'histoire à partir de témoignages épars». Avec infiniment de soin et de patience, il utilisa les tessons, les pièces de monnaie et les ornements gravés d'âge connu pour dater les bâtiments anciens avec une précision jamais atteinte jusqu'alors. Il passait ses hivers en Egypte, à creuser, et ses étés en Angleterre, où il rédigeait le compte rendu de ses découvertes.

Petrie gérait son budget de fouilles de façon très stricte et il imposait à ses fouilleurs un mode de vie austère. Lui-même se contentait, d'après le récit d'un visiteur, «d'un lit d'une personne dans la tombe de Nefer-maat, de quelques livres et de deux tentes, dont l'une, équipée d'un réchaud à pétrole, sert de cuisine». Il se nourrissait de conserves qu'il se faisait envoyer d'Angleterre et il attendait de son équipe qu'elle fît de même. Les fouilles commençaient dès l'aube, à 5 h 30, et se poursuivaient jusqu'à 18 h 30, avec une seule interruption à midi, quand la chaleur devenait intolérable. A la fin de la journée, toutefois, il appréciait la camaraderie bruyante de ses ouvriers. «Nos soirées se passent dans une atmosphère de réjouissance générale, parmi les chants, les cris et les battements de mains...» Pour financer ses travaux, Petrie vendait des artefacts à des musées européens. Au lieu de payer ses ouvriers par m^3 de terre remuée, il les rémunérait en fonction de la valeur marchande des objets qu'ils exhumaient. Grâce à ce système, beaucoup de pièces tombèrent entre ses mains plutôt que dans celles des marchands qui hantaient les abords des fouilles.

En 1894, Petrie explora une nécropole proche de Nagada, dans le centre de l'Egypte. Ses hommes, travaillant à plein rendement, ouvrirent en une seule saison près de 3 000 sépultures. Des gamins étaient chargés de repérer, dans le sable, les endroits meubles. Sur leurs indications, des terrassiers creu-

A Nippur, archéologues et villageois iraqiens (page de gauche) *scrutent les profondeurs d'un puits vieux de 2 000 ans, qui fait partie d'une forteresse bâtie autour d'une ziggourat sumérienne antérieure. Des ouvriers expérimentés* (ci-dessus) *dégagent les vestiges d'un mur. Comme les murs construits en brique crue finissent par se réduire en poussière, les fouilleurs ne peuvent les localiser que par les changements dans la couleur ou la texture du sol, ou la présence de grumeaux dans le pisé. La qualité de l'émaillage ou du polissage d'un tesson de poterie* (ci-contre) *peut renseigner un expert en céramique sur le talent et le métier du potier.*

Cette figurine en faïence peinte (ci-dessous), *qu'Evans reconstitua à partir de fragments trouvés à Cnossos, peut représenter une prêtresse ou une déesse, tenant dans chaque main un serpent contorsionné.*

le centre de la Turquie, avait été subjugué par les ruines monumentales qui dominaient le village de Bogazgköy. En 1893, un autre Français, Ernest Chantre, avait découvert sur ce site des tablettes couvertes de caractères cunéiformes, dans un langage inconnu. Intrigué, l'archéologue allemand Hugo Winckler y entreprit, en 1906, des fouilles plus approfondies. Sur le plateau anatolien, qui était balayé par un vent glacial dès le coucher du soleil, il régnait, pendant la journée, une chaleur insupportable. Winckler devait travailler emmitouflé de la tête aux pieds et les mains gantées, pour se protéger des essaims de mouches qui le harcelaient impitoyablement. Mais la vue des tablettes cunéiformes déterrées par ses fouilleurs lui fit oublier ses souffrances. Rédigées en babylonien, elles prouvaient que le roi de Hatti avait entretenu une correspondance suivie avec celui d'Egypte. «Il ne faisait plus aucun doute», écrira-t-il, «que nous nous trouvions sur le site de la capitale du royaume des Hittites».

Vers le milieu de la première saison, Winckler savoura un de ces moments de suprême exaltation trop rares dans la carrière d'un archéologue. Un beau jour, un de ses ouvriers lui apporta un spécimen de tablette d'argile particulièrement bien conservé. «Un simple regard», s'écria-t-il, «et ce fut le choc de ma vie!» Il avait sous les yeux, «dans une écriture cunéiforme d'une beauté inégalée et en excellent babylonien», un traité de paix entre le pharaon Ramsès II et les Hittites, que les spécialistes connaissaient depuis longtemps parce que le texte en était gravé en hiéroglyphes sur les murs du temple d'Amon, à Karnak. Winckler était enthousiaste. Dix-huit ans plus tôt, il avait lui-même suggéré qu'il pouvait exister de ce traité une version en écriture cunéiforme — et voilà qu'il en avait la preuve! Les fouilles de Bogazgköy allaient fournir aux archéologues le lien tant cherché entre l'Egypte et les pays bibliques. Finalement, Winckler exhuma quelque 10 000 tablettes, source de la plupart des renseignements que nous possédons actuellement sur les Hittites. Certaines, qui étaient écrites en babylonien, purent être lues d'emblée, mais le langage hittite ne fut

Hauteur 30 cm

Au port de Kommos (à droite), *sur la rive méridionale de Crète, les marins minoens ont déchargé des cargaisons en provenance d'endroits aussi lointains que Chypre ou l'Italie. Pour localiser le port, Evans se fonda sur des indices puisés dans l'Odyssée d'Homère et sur le tracé d'une ancienne route reliant Kommos à Cnossos, sur le rivage septentrional. A son arrivée, en 1924, il trouva le site «jonché de vestiges minoens».*

Une équipe de l'université de Toronto y a entrepris des fouilles en 1976. En plus du port minoen d'Evans, ils ont mis au jour un sanctuaire grec (à l'avant-plan) datant du quatrième siècle avant J.-C. Un temple rectangulaire surmonte les vestiges du plus ancien oratoire grec de Crète. Bien que les Minoens n'aient pas édifié de grands temples, leur art sacré très riche témoigne néanmoins de leur piété.

nement proche de la faillite. Aussi opta-t-il désormais pour des sites d'accès plus facile.

Toutefois, peu après que Porfirio Diaz eut été réélu président, en 1904, Batres lui suggéra qu'il serait utile, tant pour la gloire du Mexique que pour la sienne propre, d'élever Teotihuacan au rang de monument national. L'idée plut au dictateur, qui affecta à sa réalisation un budget confortable. Batres commença par dégager l'édifice le plus élevé de la ville, la Pyramide du Soleil, haute de 65 mètres, qui s'étalait sur près de 5 ha. Lorsque ses hommes étaient au travail, les nuages de poussière qui s'élevaient du site pouvaient être aperçus de loin, mêlés à la vapeur blanche de la locomotive qui évacuait la blocaille et la terre.

L'équipe de Batres mit plus de quatre ans à débarrasser la pyramide des milliers de tonnes de déblais qui l'encombraient. Ils mirent au jour une construction à base carrée, dont le sommet était accessible par un large escalier. Mais, dans sa hâte de terminer le travail à temps pour la célébration du centenaire du Mexique, en 1910, Batres dénatura la pyramide, la dotant de cinq terrasses au lieu des quatre qu'elle comportait à l'origine. Bien qu'impressionnés par les découvertes de Batres, les critiques étaient choqués par la brutalité de ses méthodes de fouilles. Il perdit son poste en 1910, après la chute de Diaz. Un demi-siècle plus tard, le gouvernement mexicain, qui voyait en Teotihuacan une attraction touristique potentielle, se lança dans une opération de grande envergure pour restaurer la partie centrale de la cité. Six cents hommes y participèrent, sous la surveillance d'archéologues professionnels.

Le long des artères principales se dressaient des monuments majestueux—les Pyramides du Soleil et de la Lune, des temples, deux complexes qui pouvaient avoir abrité le centre administratif de la cité, et les vestiges d'immenses palais. Pour reconstruire les escaliers, les murs et les terrasses, les travailleurs se fondèrent sur la disposition des blocs de pierre restés en place. Grâce à leurs efforts, les visiteurs d'aujourd'hui parcourent une cité imposante, dont les pyramides, les patios à colonnes et les avenues évoquent l'audace, l'assurance et la fierté de leurs constructeurs.

Les centres urbains des Mayas intriguaient aussi les archéologues du Nouveau Monde. Edifiées sur la presqu'île du Yucatan et dans les jungles du Guatemala, du Honduras et du Salvador, les cités mayas ont été au zénith pendant 650 ans,

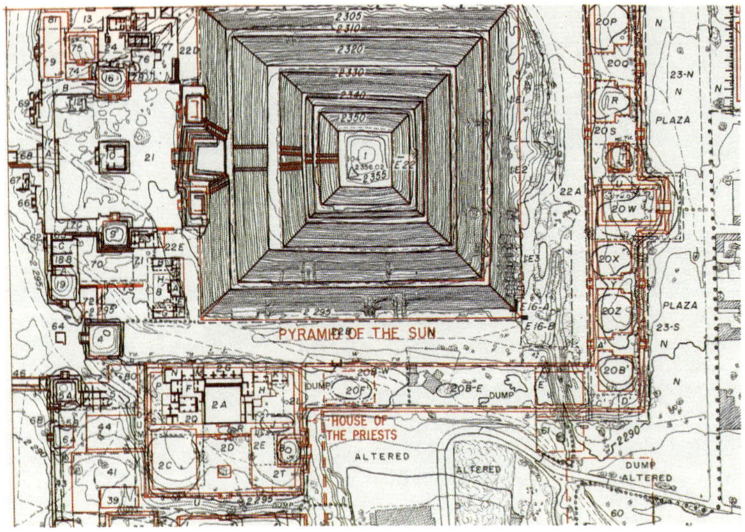

En 1910, un voyageur trouva la Pyramide de la Lune (à l'extrême droite) *« encore enveloppée dans son manteau d'herbe ». Bien que Teotihuacan eût été l'objet de fouilles dès le début du XX*e *siècle, le plan détaillé de ses 13 km*^{2} *de temples, d'habitations et d'ateliers, dominés par les pyramides du Soleil* (à droite) *et de la Lune, ne fut établi que dans les années 1960 par l'équipe de l'archéologue américain René Millon. Depuis lors, le centre de la ville a été partiellement restauré par les Mexicains.*

A Teotihuacan, la Pyramide de la Lune (ci-dessus), *dont les terrasses en gradins sont reliées par un escalier de 45 m, écrase de sa masse une centaine de temples et de sanctuaires. Première métropole d'Amérique, Teotihuacan domina la plus grande partie du Mexique de 100 à 750 après J.-C. Les Aztèques, qui visitèrent la redoutable cité six siècles après son mystérieux écroulement, la surnommèrent «le séjour des dieux». Ils étaient persuadés que le soleil et la lune avaient pris naissance dans ses pyramides.*

sacrificiels—clochettes et disques de cuivre, masques de turquoise, bijoux en jade, boucles d'oreilles en or, pointes de lances et aussi, cruellement révélateurs, des ossements d'adultes et d'enfants.

Par l'intermédiaire des nombreux savants qu'attiraient les fouilles de Chichen Itza, Thompson put faire parvenir discrètement au Peabody Museum la plupart de ses trouvailles. Lui-même s'abstint de toute déclaration publique jusqu'en 1923, année où il annonça dans le *New York Times,* les résultats spectaculaires de ses travaux. Les Mexicains, choqués, accusèrent Thompson de pillage; dépossédé de sa plantation, il dut retourner aux Etats-Unis. Par la suite, les autorités mexicaines devaient exiger du Peabody Museum la restitution des artefacts. En 1959 et 1976, le musée a renvoyé au Mexique plusieurs pièces de sa collection en échange d'une série d'objets du Mexique ancien et de la période espagnole.

Au moment précis où éclata le scandale Thompson, l'Institut Carnegie de Washington envisageait des fouilles à grande échelle à Chichen Itza, sous la direction d'un archéologue formé à Harvard, Sylvanus G. Morley. Sans les talents diplomatiques de celui-ci, ce projet aurait sans doute avorté. La Carnegie accepta finalement de renoncer à toutes prétentions sur les artefacts et de rebâtir les pyramides et les temples en ruine de Chichen Itza. Le gros de son effort porta bien entendu sur les fouilles elles-mêmes et sur la reconstruction, mais elle restaura aussi quelques artefacts remarquables. L'un d'eux, un disque en mosaïque de turquoise, de coquillage et de pyrite (25 cm de diamètre), fait aujourd'hui la fierté du Musée national d'Anthropologie de Mexico. La Carnegie fut la première à se donner pour but la conservation des trésors archéologiques mexicains pour le plaisir du grand public.

A Chichen Itza, Morley présidait aux travaux avec autant de classe que de compétence. Les spécialités de son cuisinier chinois étaient réputées. Avec un phonographe, il organisait des soirées musicales dans l'ancien jeu de balle, dont l'acoustique était irréprochable. Lorsqu'il apprit que le chef d'orchestre Léopold Stokowski faisait des expériences sur l'acoustique en plein air, il l'invita à Chichen Itza. Mais Stokowski eut beau passer des disques à longueur de journée dans le jeu de balle, il ne put découvrir le secret de son acoustique.

La Carnegie a cessé ses fouilles à Chichen Itza en 1940, mais le sérieux de ses méthodes a créé un précédent qui a encore valeur d'exemple dans le Mexique actuel. En revanche, les fouilles entreprises à la fin du siècle dernier dans le sud-ouest des Etats-Unis furent tout sauf consciencieuses. Des aventuriers peu scrupuleux, en quête d'objets vendables, ravageaient les sites archéologiques. L'un d'eux, Richard Wetherill, à la fois négociant et propriétaire de ranch, fit de la récolte des artefacts une profession secondaire lucrative. Explorant les canyons encaissés du sud-ouest du Colorado, il découvrit, à Mesa Verde, plusieurs habitations des falaises, dont l'une était un agglomérat de quelque 225 pièces. C'est là que vivaient, il y a 700 ans, les Anasazi, devanciers des Indiens Pueblos d'aujourd'hui. Wetherill commença par vendre toutes les poteries et autres artefacts qu'il trouvait. Une de ses collections figurait à l'Exposition universelle de 1893. Mais, par la suite, il en vint à travailler pour une organisation qui transmettait les objets à l'American Museum of Natural History de New York.

De Mesa Verde, Wetherill passa à Pueblo Bonito, dans le nord-ouest du Nouveau-Mexique, la plus vaste et la plus

Hauteur 7,5 cm

« Un puits dans lequel ils jetaient beaucoup d'objets précieux » : c'est ainsi que Diego de Landa décrivait au XVIe siècle le Cénote Sacré de Chichen Itza (page de droite, en haut). *A leurs dieux, les Mayas offraient des centaines d'objets, parmi lesquels ce guerrier de jade* (ci-dessus), *des masques d'or et des blocs d'encens. Ils leur sacrifiaient aussi des hommes, des femmes et des enfants. C'est en 1904 que le consul des Etats-Unis Edward H. Thompson commença à draguer le puits sacré. Certains des objets qu'il repêcha lui furent volés; il expédia les autres à Harvard.*

En 1961, une drague à air comprimé, beaucoup plus sophistiquée que celle de Thompson, vide le Cénote Sacré de ses trésors (ci-contre). *Elle a ramené plus de 4 000 artefacts, ainsi que le crâne d'une jeune femme. Quelque six décennies plus tôt, Thompson, ayant revêtu un pesant scaphandre, avait plongé dans le puits profond de plus de 10 m. « Mon équipe me dit un dernier adieu, sûre de ne jamais me revoir », écrivit-il. Une plongée ultérieure altéra légèrement son ouïe.*

glass montrait que les Anasazi avaient occupé Pueblo Bonito du Xe au XIIe siècle après J.-C. Pour la première fois, les archéologues disposaient d'un moyen précis, quoique limité, de dater le passé.

La dendrochronologie fournit aux archéologues une échelle chronologique applicable à la préhistoire du sud-ouest, mais elle ne put pas leur indiquer à quel moment les premiers Américains, venant d'Asie, avaient traversé le détroit de Béring. Vingt-et-un ans auparavant, pendant l'automne de 1908, un cow-boy du Nouveau-Mexique nommé George McJunkin suivait à cheval le bord d'une ravine, non loin de la ville de Folsom. Soudain, il aperçut un objet blanc qui saillait sur la paroi. S'étant efforcé de le dégager, il se retrouva bientôt en possession d'un os de belle taille. D'autres suivirent, qui ne ressemblaient en rien aux ossements de vaches ou de bisons qui lui étaient familiers. McJunkin parvint à intéresser à sa trouvaille deux naturalistes amateurs, mais il fallut la découverte d'ossements fossiles au Texas, au début des années vingt, pour que l'un d'eux songeât à prendre contact avec Jesse D. Figgins, du Museum d'Histoire naturelle du Colorado. Figgins, visitant le site de Folsom en 1926, attribua les ossements à un bison d'une espèce considérée comme éteinte depuis la fin de l'Age de Glace. Quatre mois plus tard, un fouilleur exhuma, en même temps qu'une vertèbre, la pointe finement travaillée de l'arme de jet qui avait tué le bison. Dès lors, Figgins n'eut plus aucun doute: des peuplades préhistoriques avaient vécu en Amérique du Nord à l'époque des animaux de l'Age de Glace.

L'année suivante, Figgins trouva d'autres ossements, ainsi que des armes. Mais cette fois, au lieu de les déterrer tous, il en laissa quelques-uns sur place et invita les plus sceptiques de ses confrères à vérifier par eux-mêmes. Dès son arrivée, Frank H. Roberts Jr, de la Smithsonian Institution, tomba sur un archéologue en train de dégager une pointe «encore logée entre deux côtes d'un squelette d'animal». Aussitôt convaincu, il appuya la

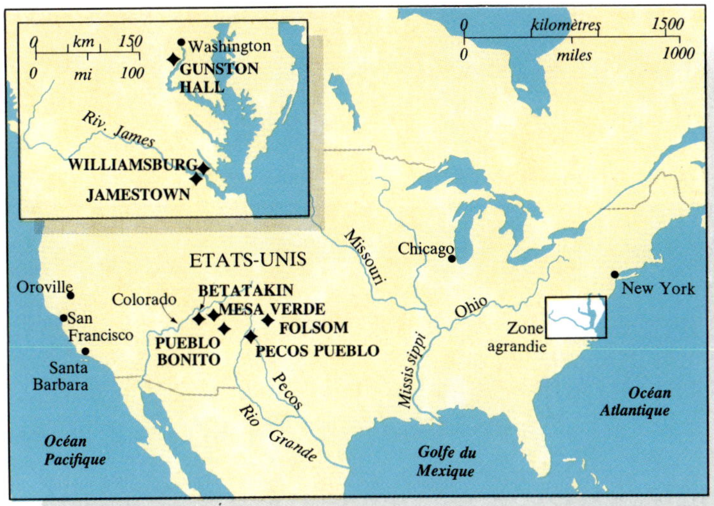

A Pueblo Bonito, dans le Canyon du Chaco, au Nouveau-Mexique, des touristes longent le bord d'une kiva, ou chambre semi-souterraine (ci-dessus). *Ces locaux en forme de puits servaient à la fois de lieux de réunion et de centres cérémoniels. C'est vers 900 après J.-C. que les Anasazi, ancêtres des Indiens Pueblos, commencèrent à construire Pueblo Bonito, qui est, avec ses 650 pièces, le plus vaste de leurs « immeubles à appartements ». Ils devaient l'abandonner 250 ans plus tard.*
Au début des années 1920, une expédition de la National Geographic Society, dirigée par Neil M. Judd, retira des ruines une quantité considérable « de pierres, d'adobes, de plâtre et de sable » (page de gauche, en haut). *En 1921, la voiture de l'expédition s'est embourbée par suite d'une crue soudaine* (page de gauche, en bas).

théorie de Figgins: les Amériques avaient été peuplées dès la fin de l'Age de Glace, quelque 10 000 ans auparavant. Grâce aux ossements de Folsom, le champ temporel de l'archéologie américaine était virtuellement doublé.

A la même époque, les abords de la rivière James, dans le sud-est de la Virginie, faisaient également l'objet de fouilles importantes. En 1607, un groupe de 104 pionniers, ayant débarqué à Jamestown, y avait installé le premier établissement anglais permanent du Nouveau Monde. Avec le temps, leur petit fort palissadé était devenu le centre d'une colonie en constante expansion et la première capitale de la Virginie. Près de trois siècles plus tard, trois dames de Virginie, membres d'une association pour la préservation des antiquités de Virginie (APVA), décidèrent d'améliorer ce qui était, à Jamestown, «un spectacle de désolation». Mary et Annie Galt et Mary Garrett clôturèrent une partie de la propriété pour la protéger des incursions du bétail, plantèrent des arbres, de l'herbe et des fleurs et entreprirent des fouilles dans les fondations de l'église de Jamestown, qui datait du milieu du XVIIe siècle. «Je creusai le mur sud de mes propres mains et découvris un mur intérieur fait de grosses briques et de cailloux», écrivit Mary Galt. Elle avait découvert les vestiges d'une église bâtie en 1617.

Les trois femmes ouvrirent de nombreuses tombes, reconstituant les pierres tombales à partir des fragments éparpillés dans les décombres. Si les clous de cuivre que les colons avaient utilisés pour écrire les noms et les dates sur les couvercles des bières avaient résisté au temps, la lente désintégration des cercueils avait rendu la plupart des inscriptions illisibles. Mais rien ne décourageait Mary Galt. Dans une des tombes, «les fragments de l'inscription étaient tombés entre les côtes du squelette. Comme à l'ordinaire, je descendis dans la tombe et tentai de retracer les lettres. Certains des clous étant encore rattachés les uns aux autres, nous réussîmes finalement à déchiffrer le nom de B. Harrison.»

En 1900, l'APVA, désireuse d'enrayer l'érosion littorale près de Jamestown, réussit à convaincre le Corps du Génie de construire une digue. Les travaux, dirigés par le colonel Samuel H. Younge, mirent au jour des fondations de briques—découverte qui révéla à Younge sa vocation d'archéologue. Il fouilla les vestiges d'une rangée de maisons contiguës longue de 75 m, qui comprenait la résidence du gouverneur colonial, le Parlement et la Ludwell House, où vivaient plusieurs familles.

Pages précédentes: *protégée par une mesa en surplomb, la forteresse de Betatakin, qui date du XIIIe siècle, se cramponne à la paroi d'une grotte d'Arizona. Abandonnée par les Anasazi après deux générations seulement, sans doute à cause de la sécheresse, elle a été restaurée par Judd en 1917.*

A Mesa Verde, au Colorado, un ouvrier (ci-dessus) *tend à un de ses compagnons, par l'ouverture d'une kiva, une poterie reconstituée, tandis que d'autres fouilleurs* (page de droite) *étançonnent Long House, une habitation des falaises construite en pierre et en adobe par les Anasazi. Dans ce projet des années 1958-1962, quelque 30 sciences — de la dendrochronologie à l'étude des insectes — furent mises à contribution pour l'étude de cette culture du XIIIe siècle. En 1899, le rancher Richard Wetherill, qui a été un des premiers à explorer les ruines de Pueblo Bonito, prend un instant de repos sans quitter son chapeau* (ci-contre).

s'était effondrée dans les caves. Dans les décombres, ils récupérèrent des fragments de carreaux en porcelaine de Delft, des manteaux de cheminée en marbre, des lambris de noyer noir et même le dallage de marbre blanc et noir de la grande salle—autant d'éléments qui facilitèrent la reconstruction. Dans les jardins du palais, les fouilleurs mirent au jour un cimetière oublié contenant 158 squelettes, dépouilles de soldats de la Révolution que seuls les boutons de leurs uniformes permettaient de dater. Plusieurs avaient été amputés, ce qui prouvait que le cimetière remontait à l'époque où le palais avait été momentanément transformé en hôpital militaire. En utilisant conjointement, pour la reconstitution d'un site historique, des textes, des artefacts et des vestiges architecturaux, les maîtres d'oeuvre du projet Williamsburg ont prouvé qu'ils avaient su profiter des leçons apprises à Jamestown. L'entreprise, qui a coûté jusqu'ici plus de 100 millions de dollars, attire aujourd'hui des hordes de visiteurs. Dans la zone historique, qui contient quelque 550 bâtiments restaurés ou reconstruits, des acteurs évoquent la vie de la Virginie britannique.

Au début du XXe siècle, un certain nombre d'anthropologues résolurent d'enregistrer les coutumes de tribus indiennes en voie d'extinction, dont les derniers représentants se rappelaient encore les usages séculaires de leurs ancêtres. Une occasion exceptionnelle se présenta en août 1911, près d'Oro-

Rendu à sa grandeur passée par les bâtisseurs modernes, le palais du gouverneur, à Williamsburg (ci-contre), *repose sur ses fondations d'origine. Le bâtiment, où s'étaient succédé sept gouverneurs royaux et deux du Commonwealth, fut détruit par un incendie en 1781. La tâche des reconstructeurs fut facilitée par l'examen des décombres* (ci-dessus), *parmi lesquels ils découvrirent des fragments de lambris de noyer et d'un dallage de marbre. Toutefois, la majeure partie des milliers de bouteilles de vin inventoriées en 1770 manquait à l'appel.*

demi-siècle de carrière, il amassa plus de 800 000 pages de notes, qu'un archiviste mit ensuite des années à classer.

Harrington, qui souffrait, parmi d'autres maux, de dysenterie chronique, était également atteint de paranoïa. Il devint si soucieux de préserver le secret de ses travaux qu'il prétendait être dans un endroit alors qu'il était dans un autre. Dans ses notes, prises en anglais, en allemand, en espagnol et dans les différentes langues indiennes, il n'indiquait ses sources qu'en code. Quand il mourut en 1961, John Harrington était presque oublié. Au début, peu de chercheurs songèrent à consulter ses notes. Mais en 1974 Travis Hudson, du Musée d'histoire naturelle de Santa Barbara, qui s'intéressait aux canoës Chumash, découvrit que Harrington avait consacré à ce sujet plus de 3 000 pages. Pour s'assurer de la fiabilité de ces témoignages, Hudson fit construire, selon les techniques indiennes traditionnelles, un canoë qui fut mis à l'eau par des pagayeurs indiens, descendants des Chumash.

Les travaux de John Harrington ont jeté un jour nouveau sur le riche symbolisme de la culture indienne. Les anthropologues actuels continuent à puiser dans ses notes des aperçus sur l'astronomie, le folklore et les histoires tribales des Chumash. L'énorme documentation qu'il a réunie montre combien le tableau de la vie préhistorique brossé par les archéologues est imparfait.

En 1976, des pagayeurs indiens manoeuvrent le long de la côte californienne (à droite) *un canoë fabriqué selon les techniques de leurs ancêtres Chumash, telles que les a décrites l'ethnologue John P. Harrington. Lorsqu'il vivait parmi les Indiens, celui-ci avait lui-même participé* (ci-dessus) *à la construction d'un canoë semblable. Obsédé par son travail, Harrington cherchait à s'imprégner des coutumes Chumash; il apprit même à manier leurs armes de jet* (à gauche).

n'accorderaient plus de permis de fouilles à aucun archéologue allemand. Les Allemands sont revenus sur les rives du Nil bien avant Néfertiti qui, aujourd'hui encore, se trouve toujours dans un musée de Berlin Ouest.

Au cours des premières décennies du XXe siècle, tous les égyptologues ambitionnaient de faire des fouilles dans la Vallée des Rois, à Thèbes, où avaient été inhumés quelques-uns des plus grands pharaons d'Egypte. Mais la plupart des tombes étaient vides; elles avaient été pillées, des siècles auparavant, par des chercheurs de trésors. En 1914, après avoir cédé sa concession de fouilles à George Edward Stanhope Molyneux Herbert, cinquième comte de Carnarvon, le magnat américain Theodore Davis déclara: «Je crois que la Vallée des Rois a désormais livré tous ses secrets». Mais Howard Carter, ce dessinateur anglais devenu archéologue, n'était pas de cet avis. Il était persuadé qu'il restait une tombe à découvrir dans la Vallée des Rois—celle de Toutankhamon. Ce pharaon était monté sur le trône d'Egypte en 1361 avant J.-C., à l'âge de neuf ans. Ay, un conseiller ambitieux, le guidait dans les affaires de l'Etat, et lorsque le jeune souverain mourut, à moins de vingt ans, ce fut lui qui lui succéda. La cause de la mort de Toutankhamon est restée mystérieuse, et il en allait de même pour les circonstances de ses funérailles jusqu'à l'arrivée de Carter dans la Vallée des Rois.

Carter, qui travaillait pour Lord Carnarvon, se mit à la recherche de la tombe perdue en 1917. L'entreprise s'annonçait difficile, car des montagnes de déblais rejetés par les fouilleurs précédents encombraient la vallée. Au pied de la sépulture de Ramsès VI, Carter et ses hommes tombèrent sur d'anciennes cabanes d'ouvriers bâties sur de gros blocs de silex, ce qui indiquait généralement la proximité d'un tombeau. «Notre premier mouvement fut de poursuivre les travaux dans cette direction. Mais nous aurions alors coupé tous les accès de la tombe de Ramsès située au-dessus, et c'était l'une des plus célèbres de toute la vallée.» Carter décida donc d'attendre une occasion plus propice. Mais, six saisons et 200 000 tonnes de gravats plus tard, il se retrouva, bredouille, à son point de départ. De guerre lasse, il se décida donc à fouiller sous les cabanes. Dès le début des travaux, le 4 novembre 1922, son équipe mit au jour un escalier taillé dans le roc. L'entrée de la tombe de Toutankhamon se trouvait à quelques mètres seulement de l'endroit où leur campagne avait commencé en 1917.

Il y a très longtemps, au coeur des collines thébaines, des pharaons égyptiens ont été enterrés dans des sépultures secrètes. Pour eux, pas de pyramides: rien que des tas de pierres bloquant les entrées des tombeaux. Leurs trésors, pourtant, n'ont pas échappé aux voleurs, qui ont pillé la Vallée des Rois voilà plusieurs milliers d'années. Seule la tombe de Toutankhamon, pourtant deux fois violée, a été partiellement épargnée, sans doute parce que, depuis la construction, juste au-dessus, du tombeau de Ramsès VI, son entrée (en bas, à droite) *était ensevelie sous les déblais.*

Les récipients d'or et d'argent, les casques d'or battu et gravé et les coiffures d'or, de cornaline et de lapis-lazuli qu'elles contenaient avaient été façonnés par les orfèvres d'Ur. Les architectes de la cité avaient orné les sépulcres d'arcs, de dômes et de colonnes, et ses ingénieurs, qui connaissaient la roue, en avaient équipé les chars enterrés avec les souverains. L'exhumation du trésor représentait un travail considérable. « La pièce aux antiquités était pleine à ras bord », soulignait Mallowan. « Il y avait de l'or partout, jusque sous nos lits. » Pourtant, Woolley travaillait soigneusement et sans hâte, apprenant à ses fouilleurs à distinguer les moindres nuances dans l'aspect du sol. « Pour les terrassiers, le premier signe de l'existence d'une tombe était généralement un filet tremblé de poudre blanche, le bord des nattes de roseaux recouvrant les parois du puits, ou bien, s'enfonçant verticalement dans la terre, une ligne de petits trous marquant l'emplacement des douves depuis longtemps pourries qui avaient servi à renforcer les côtés d'un cercueil de bois ou d'osier. » Woolley se rendit compte que, dans la terre, le bois perd sa substance mais conserve son apparence et sa texture : « En le mettant à découvert avec prudence, on peut le photographier comme s'il était réel et solide, bien qu'en fait il n'en reste plus qu'une mince pellicule, qu'un souffle détruirait plus facilement qu'il ne froisse l'aile d'un papillon. »

Hauteur 160 cm

A Ur, Woolley exigeait de ses fouilleurs une constante attention aux détails (page de gauche). *Dès qu'ils approchaient d'une tombe ou d'un artefact, ils devaient alerter Woolley ou un de ses assistants. Katharine Woolley fut pour son mari une auxiliaire précieuse, mais son caractère capricieux et dominateur éloignait du site les autres femmes.*

Ci-dessus : *les Woolley inspectent les canalisations en terre cuite qui débarrassaient les maisons sumériennes des eaux usées. Les Sumériens y jetaient aussi des vases et des maquettes de bateaux en céramique, sans doute pour se concilier les bonnes grâces d'Enki, seigneur de l'océan d'eau douce situé sous la terre.*

Dans le cimetière royal d'Ur, une harpiste couronnée d'or s'est effondrée sur sa lyre (à droite). *La caisse de résonance de l'instrument, maintenant restauré, était ornée d'une mosaïque de bitume et de coquillages, surmontée d'une tête de taureau en or, avec des yeux et une barbe de lapis-lazuli.*

favoris, qui avaient peut-être été tués ou drogués au préalable. Arrivaient alors, en cortège, tous ceux qui devaient accompagner leur maître dans l'autre monde : soldats, esclaves mâles, musiciens jouant de la harpe ou de la lyre, femmes aux riches atours et aux coiffures compliquées. Des chars tirés par des boeufs descendaient la rampe, suivis par des gardes en armes. Tous portaient de petits bols de céramique, de métal ou de pierre, qu'ils remplissaient à la fin du service funèbre dans un grand vase contenant une boisson empoisonnée. Puis ils se couchaient pour mourir, à l'endroit qui leur avait été assigné, et un sacrificateur tuait les animaux, qui s'écroulaient à leur tour sur les corps de leurs conducteurs.

Mais l'ambition de Woolley était de remonter aux origines de la civilisation sumérienne. Non loin d'Ur, sous un petit tertre, il avait découvert un très ancien village, dont les huttes étaient bâties en roseaux et en pisé. Ses habitants avaient-ils été les premiers fermiers établis dans le sud de la Mésopotamie ? C'est d'Ur elle-même que devait venir la réponse. En 1930, les

Les autochtones, qui l'appelaient Mohenjo Daro, « le tertre des morts », croyaient que cette colline sablonneuse (ci-dessus), *située dans la vaste plaine alluviale de l'Indus, au Pakistan, marquait l'emplacement d'un ancien cimetière. En 1950, Wheeler dégagea les murs en briques cuites* (ci-contre) *de cette ville de 40 000 habitants, vieille de 4 000 ans, « le plus ancien exemple connu de planification urbaine systématique ». Il mit au jour des rues au tracé géométrique, des maisons à appartements dotées de puits intérieurs et un système d'égouts auquel étaient reliées presque toutes les habitations.*

microprop

ouvriers de Woolley ouvrirent dans le cimetière royal déjà fouillé une vaste tranchée de près de 20 m de profondeur. Ils creusèrent à travers huit niveaux d'habitat et plusieurs mètres d'ateliers de potiers, avant d'atteindre une couche d'alluvions de 3,5 m d'épaisseur, sous laquelle ils trouvèrent trois niveaux de maisons de briques crues et de joncs, identiques à celles du petit tertre voisin de la cité. Le « fond » de la Mésopotamie était fait d'une argile verdâtre, durcie, révélatrice d'un ancien marécage.

Woolley tenait enfin la preuve qu'il avait tant cherchée. De ce petit village aux grandes cités du troisième millénaire avant J.-C., son tableau de la civilisation sumérienne était complet. Dans les 3,5 m d'alluvions, il découvrit aussi les traces d'une grande inondation. Comme les textes cunéiformes y faisaient également allusion, évoquant la destruction par les eaux de centaines de petites communautés, Woolley conclut que ce « déluge » et celui de Noé ne faisaient qu'un. A en croire Mallowan, « cette découverte enchanta Woolley, en ce qu'elle donnait à l'Ancien Testament, pour la plus grande joie des lecteurs de la Bible, un cachet d'authenticité. » En fait, il apparut plus tard que cette couche de limon était due à une inondation bien antérieure au Déluge biblique. Mais, tant par ses qualités d'homme de terrain que par la subtilité de ses interprétations, Woolley allait exercer une influence fondamentale sur une nouvelle génération d'archéologues, capables désormais de situer les résultats de leurs travaux dans un vaste contexte historique.

L'exemple d'Howard Carter et de Leonard Woolley inspira un autre archéologue anglais, Mortimer Wheeler. Pour lui, l'archéologie était avant tout un instrument de reconstruction de l'histoire humaine. « L'archéologie », soulignait-il, « est une science qui doit être vécue et tempérée d'humanité. L'archéologie morte est la poussière la plus sèche qu'on puisse soulever. » En outre, comme il s'était longuement plongé dans les comptes rendus du général Augustus Rivers, un archéologue de la fin du XIXe siècle célèbre pour sa méticulosité, il considérait l'archéologie comme une science de « découverte contrôlée », dans laquelle la préparation et l'exécution des fouilles avaient autant d'importance que leurs résultats. Wheeler, qui avait commencé sa carrière comme inspecteur des monuments anciens, servit ensuite dans l'artillerie pendant la Première

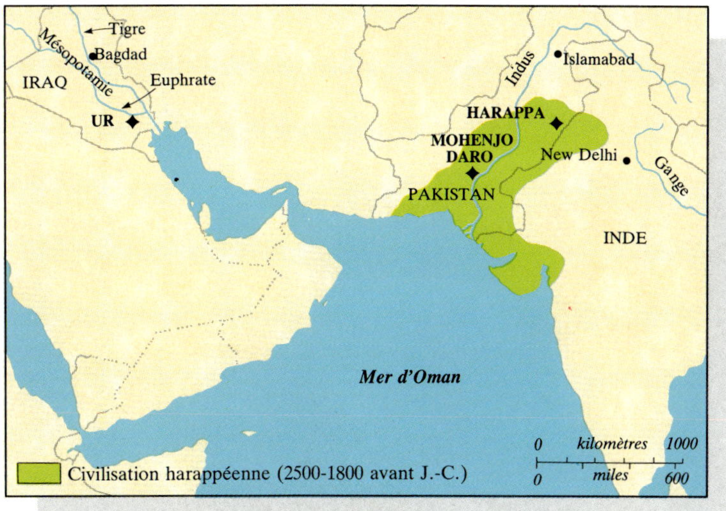

Des scientifiques promènent un dirigeable équipé d'une caméra (page de gauche) *au-dessus des ruines de Mohenjo Daro, dans l'espoir de repérer des indices susceptibles de les éclairer sur l'origine de la civilisation harappéenne. De cette société, Wheeler a dit qu'elle avait été « le produit soudain de l'occasion et du génie », car elle semble avoir surgi brusquement, vers 2500 avant J.-C., du sol fertile de la vallée de l'Indus. Les origines de ces populations, qui occupaient une région presque aussi vaste que la Mésopotamie et l'Egypte anciennes combinées* (carte), *sont incertaines. Elles fabriquaient des chars à boeufs montés sur roues, des armes de cuivre et de bronze et des parures d'or, se livraient à l'agriculture et au commerce et se servaient d'une écriture qui reste encore à déchiffrer. Sous Mohenjo Daro, la nappe aquifère, alimentée par les systèmes d'irrigation, s'élève. L'eau extrait les sels du sol. Ceux-ci se cristallisent alors sur les ruines, finissant par réduire les briques en poudre. Des ouvriers* (ci-dessus) *remplacent les briques effritées et insèrent des dalles en béton pour protéger les murs.*

Nombre d'objets en céramique ou en pierre reflètent l'intelligence et la sagesse de la civilisation harappéenne. Un cochon en terre cuite prend la pose (ci-contre). *Ce chariot miniature* (en bas, à droite) *est un des premiers modèles connus de véhicules à roues. Les Harappéens sculptaient des bustes de leurs dieux ou de leurs rois-prêtres* (page de droite) *et gravaient des animaux sur des sceaux de stéatite* (ci-dessous), *peut-être pour obtenir protection contre la maladie. Les inscriptions figurant sur les sceaux désignaient probablement le propriétaire ou la nature de la marchandise.*

Guerre mondiale. A la démobilisation, il brûlait d'impatience d'exercer ses talents de fouilleur. Les Romains avaient occupé la Grande-Bretagne de 43 à 410 après J.-C. et Wheeler avait hâte d'explorer les sites où leur souvenir persistait. Après avoir accepté un emploi au Musée national du Pays de Galles, il commença ses premières fouilles en 1921, sur le site de la forteresse de Segontium. Il y travailla pendant deux saisons, dégagea les principaux bâtiments et y trouva des bijoux, des monnaies par centaines, une statuette et un autel consacré à la déesse Minerve. Mais il réussit surtout à perfectionner l'utilisation de la stratigraphie. Les dessins qu'il réalisa au cours de ses fouilles illustrent clairement la succession des couches mises au jour. Il numérota les différentes sections, donna à chacune une dénomination et en identifia les types de sol et de pierres au moyen de représentations symboliques. Bien plus, il n'hésita pas à proposer, de chaque couche, une interprétation définitive, pratique qui lui valut les critiques de certains de ses contemporains, à qui la plupart de ses conclusions semblaient prématurées.

De 1930 à 1933, Wheeler essaya ses talents à Verulamium, dans le sud de l'Angleterre. Son chantier s'étendit bientôt, dans la campagne, sur plus de 8 km, mais il fut surpris de ne découvrir, sous les fortifications romaines du IIe siècle après J.-C., aucune trace d'un établissement de l'Age du Fer. Ces traces, pourtant, il les cherchait partout : au fond des fossés et à flanc de talus, et même dans les pubs locaux. « Un soir, nous avons appris que des ouvriers, en creusant un égout, avaient déterré des monnaies d'argent. Ces ouvriers étaient étrangers au district et il n'y avait pas de temps à perdre. En nous partageant le travail, nous avons prospecté les innombrables débits de boisson du coin. Avec beaucoup de patience et de pintes de bière, nous sommes parvenus à récupérer, sous le manteau, une quarantaine de pièces. » Wheeler suivit la piste des monnaies jusqu'à la localité voisine de Wheathampstead. Il y mit au jour un établissement de l'Age du Fer où, selon sa théorie, le roi celtique Cassivellaunus avait mené son dernier combat contre Jules César, en 54 avant J.-C.

Hauteur 10 cm

Hauteur 7,5 cm

Longueur 33 cm Hauteur 17 cm

s'adapter aux besoins locaux et, du coup, ils furent à l'origine d'une révolution sans violence dans le travail in situ.

Après la Deuxième Guerre mondiale, au cours de laquelle il devint général de brigade, Wheeler partit pour l'Inde. En 1944, il fut nommé directeur général des services archéologiques des Indes, les plus importants du monde à l'époque—et aussi, pour cause de désorganisation, parmi les moins efficaces. Wheeler fondit sur le quartier général de cette organisation avec son dynamisme habituel: «J'enjambai les formes couchées, apercevant derrière les fenêtres de petits groupes de parasites et de fonctionnaires oisifs. Après avoir ouvert la porte de mon bureau, je regardai derrière moi. Les dormeurs n'avaient pas bougé et seul un faible ronflement, semblable au bourdonnement des abeilles, indiquait la présence à l'intérieur de ces corps sans vie d'organismes humains assoupis. J'émis un beuglement de taureau en colère et tous, terrifiés, ressuscitèrent.» Trois années durant, Wheeler réorganisa son service, tout en lui insufflant une vie nouvelle. Dans la foulée, il forma aux méthodes européennes les plus modernes toute une génération d'archéologues indiens qui, aujourd'hui encore, dirigent des fouilles sur place.

Les travaux de Wheeler étaient surtout centrés sur la vallée de l'Indus, où s'était développée au troisième millénaire avant J.-C. une civilisation de l'Age du Bronze comparable à celles de l'Egypte et de la Mésopotamie. John Marshall, le prédécesseur de Wheeler, avait fouillé les deux principales métropoles de l'Indus, Harappa et Mohenjo Daro. N'y ayant pas trouvé de vestiges de fortifications, il en avait conclu que la civilisation de

Tous les clous de fer qui avaient servi à assembler la charpente du bateau étaient restés en place, enfoncés dans le sable humide de Sutton Hoo (ci-dessus). *Mais, plus de 1 300 ans après que le bateau eût été tiré jusqu'à Sutton Hoo et enterré dans une tranchée à ses mesures, il ne restait du bois qu'un film de décoloration et une empreinte de 27 m de long* (ci-contre), *si nette que les*

l'Indus, ou harappéenne, avait été plus pacifique que les sociétés égyptienne ou mésopotamienne, gouvernées par des rois ambitieux. Arrivé à Harappa par une chaude soirée de mai 1944, Wheeler visita les grands tertres de la ville. Le plus important, qui s'élevait à près de 18 m au-dessus de la plaine, était gangué d'une boue jaunâtre, dans laquelle Wheeler reconnut les vestiges érodés d'une muraille de brique crue. Des fouilles révélèrent que ces remparts, larges de 12 m à la base, avaient enserré une citadelle qui dominait la ville. 650 km plus au sud, à Mohenjo Daro, sur les rives de l'Indus, Wheeler découvrit une citadelle similaire. Belliqueux ou non, les peuples de l'Indus avaient bâti des fortifications pour protéger leurs cités.

A Mohenjo Daro comme à Harappa, des fouilles ultérieures révélèrent l'existence de vastes greniers, semblables à ceux d'Egypte et de Sumer; la civilisation de l'Indus était donc fondée sur l'agriculture. Planifiée en damier, Mohenjo Daro était divisée en blocs d'habitation réguliers d'environ 390 m sur 260. Le long de ses rues, qui se coupaient à angle droit, se dressaient des maisons standardisées, dont la plupart étaient équipées de drains reliés à un système complexe d'égouts collecteurs. Il y avait aussi des quartiers d'artisans et de commerçants et des immeubles modestes, qui avaient dû abriter des cantonnements de travailleurs. Dans toute la ville, les fouilleurs déterrèrent des centaines de sceaux de pierre gravés, où apparaissaient, à côté de divinités indiennes depuis longtemps oubliées, les éléments d'une écriture non encore déchiffrée. La découverte de sceaux similaires en Mésopotamie

Largeur 20 cm

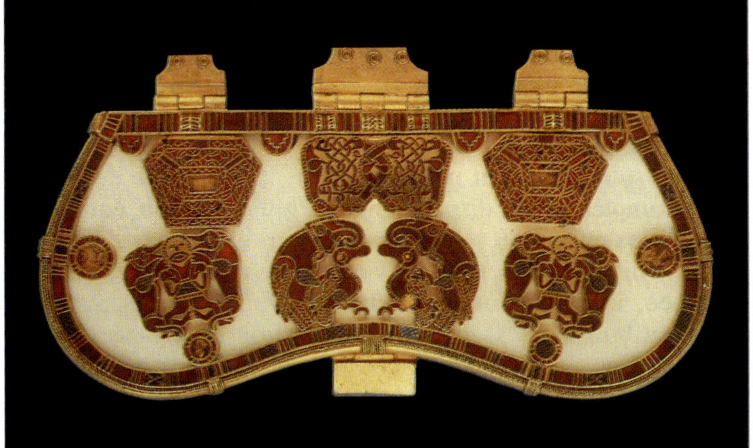

spécialistes ont pu y déceler des signes de détérioration et de réparation, preuve qu'il s'agissait d'un véritable bateau et non d'une simple réplique. Dans la chambre funéraire, beaucoup d'artefacts étaient si corrodés que les archéologues d'autrefois les auraient sans doute rejetés avec dégoût. Mais, grâce aux dessins, aux photos et aux notes du dossier de fouille, beaucoup de ces trésors ont pu être restaurés. L'un des plus remarquables est ce couvercle de bourse (à gauche) *à armature d'or, long de 20 cm et décoré de grenats et de verre. La bourse elle-même était depuis longtemps tombée en poussière, mais les 37 pièces d'or qu'elle contenait ont permis de fixer la date de l'enterrement.*

Angleterre, 1954 : les Londoniens font la queue pour admirer les ruines d'un temple romain découvert sous leur ville.

OU, QUAND ET POURQUOI?

«**L'ATTENTION DES ARCHEOLOGUES** du monde entier s'est momentanément détournée de l'Egypte pour se fixer sur l'Angleterre», soulignait *l'Evening Star* de Washington en octobre 1954. En même temps que les archéologues, des milliers de Londoniens dévorés de curiosité se pressaient autour des ruines d'un petit temple romain, découvert sous un site bombardé où devait bientôt commencer la construction d'un immeuble de bureaux. Le premier jour de l'exposition publique, plus de 15 000 curieux défilèrent devant le temple.

A la fin de la Deuxième Guerre mondiale, plusieurs villes européennes, parmi lesquelles Londres, Rotterdam et Hambourg, avaient été partiellement réduites à l'état de ruines. A Londres, des quartiers entiers avaient été rasés. Mais, de ce désastre, les archéologues allaient faire un succès sans précédent. Un organisme nouvellement créé entreprit des sondages en profondeur sous les décombres, dans l'espoir de retrouver des vestiges de Londinium, la cité du bord de l'eau fondée par les Romains vers 43 après J.-C. Ils finirent par mettre au jour un sanctuaire du culte de Mithra, une divinité très populaire parmi les soldats romains. Dans l'Angleterre de l'après-guerre, la découverte du temple souleva l'enthousiasme. Le gouvernement, cédant à la pression de l'opinion publique, obtint des entrepreneurs que le temple fût déplacé dans une cour voisine, où il continue à attirer les visiteurs.

Pour l'archéologie, la Deuxième Guerre mondiale marqua le début d'une ère nouvelle. Grâce aux progrès techniques réalisés pendant et après le conflit (de la photographie aérienne aux détecteurs de métaux sophistiqués), la technologie joua bientôt un rôle essentiel. Tandis que le monde déchiré s'efforçait de retrouver son équilibre, l'écologie humaine — les relations des hommes entre eux et avec la nature — suscita de plus en plus d'intérêt. Les archéologues se mirent à poser des questions nouvelles et provocantes: comment l'homme avait-il vécu aux temps préhistoriques? Quand et pourquoi avait-il commencé à cultiver la terre et opté pour la sédentarité? De telles questions supposaient des approches différentes, effectuées par des spécialistes travaillant en commun, des zoologistes aux géologues en passant par les botanistes et les chimistes. Sur un site, les équipes de recherche, désormais pluridisciplinaires, n'étudiaient plus seulement le terrain, les ruines et les artefacts mais aussi les fragments d'ossements animaux, les

En 1949, le site de Star Carr, que quatre familles utilisaient comme camp saisonnier il y a 9 500 ans, reçoit de nouveaux visiteurs. Grahame Clark et ses collaborateurs creusent des tranchées (en haut) *dans l'espoir de découvrir des indices sur ces campeurs de l'Age de la Pierre. Ils trouvèrent des outils et des armes faits de matières organiques et bien conservés dans ce site marécageux. Clark utilisa un caisson sous vide* (ci-dessus) *pour saturer les andouillers et les ossements de conservateur.*

Page de droite:
Agrandis ± 1 800 fois, des grains de pollen sur le stigmate d'une fleur révèlent leur identité aux experts. L'analyse des pollens déposés dans le sol au fil des millénaires permet de retracer l'histoire des changements survenus dans le climat et la végétation et fournit une datation relative pour les artefacts des différentes couches. Dans ce domaine, les botanistes scandinaves ont fait oeuvre de pionniers, au début du XXe siècle, en étudiant les sites des tourbières, où le pollen fossile se conserve bien.

bibliques, ils comprenaient une copie de la plus grande partie du *Livre d'Isaïe*. Du coup, Bédouins et archéologues se lancèrent conjointement dans l'exploration des grottes de Qumrân. A l'heure actuelle, des milliers de fragments de manuscrits ont été récupérés, parmi lesquels des morceaux de tous les livres de l'Ancien Testament, à l'exception de celui d'Esther.

Qui étaient les gens qui avaient écrit puis caché ces manuscrits? Dans les années 1950, des archéologues jordaniens, français, américains et autres fouillèrent les grottes de Qumrân et les ruines toutes proches du Khirbet Qumrân, qui avait autrefois abrité une communauté religieuse juive. Les fouilleurs mirent au jour un corps de bâtiment en pierre, avec une cuisine et des salles de réunion. Dans un vaste scriptorium équipé de tables, de bancs et d'encriers, des scribes avaient copié voire rédigé eux-mêmes tout ou partie des manuscrits. Dans le cimetière reposaient plus d'un millier de personnes, enterrées sans bijoux ni parures d'aucune sorte. A en juger par la règle de la communauté, ces Juifs devaient mener une vie très austère, leur seul but étant de chercher Dieu et de «faire ce qui est bon et juste devant Lui». Cette secte semble avoir occupé Qumrân à deux reprises au moins, une première fois pendant quelque 70 ans, jusqu'au tremblement de terre qui ravagea la Judée en 31 avant J.-C., et une deuxième fois jusqu'en 68 après J.-C., à l'époque de la Première Révolte juive. Avant de fuir devant les troupes romaines, les religieux de Qumrân ont dû cacher leurs manuscrits dans les grottes, espérant les y récupérer au retour de la paix.

A l'heure où les experts élucidaient le mystère de la secte de Qumrân, des archéologues de l'université de Chicago commençaient à reconstituer l'histoire d'une communauté autrement plus ancienne. En 1948, Robert et Linda Braidwood forèrent des puits de sondage peu profonds dans un monticule arrondi situé au sommet d'une colline, dans le nord-est de l'Iraq. Les Braidwood étaient en quête de villages d'agriculteurs préhistoriques, dont les vestiges les aideraient à résoudre le problème qui les préoccupait: où et quand l'homme avait-il commencé à cultiver des plantes comestibles? Le tertre de Jarmo, haut de 7,5 m sur 2 ha de superficie, semblait particulièrement prometteur. Les Braidwood y retournèrent en 1950 avec une équipe de spécialistes forte d'un botaniste, d'un géologue et d'un zoologiste. Au village d'Ash Sharqât, ils recrutèrent des fouilleurs chevronnés, qui avaient été formés précédemment par des archéologues allemands. Le reste de leurs ouvriers étaient des autochtones kurdes.

Dans les gisements inférieurs du promontoire, l'équipe trouva la preuve que les villageois n'avaient pas seulement vécu de chasse et de cueillette, mais qu'ils avaient aussi cultivé la terre et élevé des animaux domestiques. Le botaniste Hans Helbaek examina les graines déterrées à Jarmo, ainsi que les empreintes de graines incrustées dans les murs des maisons et le sol des fours, et identifia deux espèces de blé cultivé et une espèce d'orge. La datation au carbone 14, enfin, révéla que l'agriculture avait été pratiquée à Jarmo dès 6750 avant J.-C., donc 3 000 ans plus tôt que les archéologues l'avaient cru jusqu'alors. Mais pourquoi l'homme s'était-il mis à cultiver la terre? C'est pour résoudre cette énigme que le géologue Herbert E. Wright Jr se rendit au lac Zeribar, en Iran. En enfonçant de longs tubes dans le fond du lac, il préleva des échantillons de vase et, couche après couche, par l'étude des pollens, il réussit à retracer le climat sur plusieurs milliers

d'années. Wright suggéra que, à la fin de l'Age de Glace, le réchauffement de la température avait permis aux autochtones de quitter leurs grottes pour vivre à découvert. Des changements s'étaient également produits dans la végétation. Grâce à des conditions climatiques favorables — hivers pluvieux et étés secs — l'orge et le blé sauvages étaient probablement apparus dans la région 9 000 ans avant notre ère. Dès lors, le décor était planté. Après s'être d'abord contentés de récolter ces céréales sauvages, les gens de Jarmo et d'autres sites allaient peu à peu apprendre à les domestiquer.

Une étude aussi intensive que celle de Jarmo éclipsa évidemment tous les manuels sur la préhistoire qui l'avaient précédée. Mais les travaux de l'archéologue britannique Kathleen Kenyon à Jéricho, dans la vallée du Jourdain, réservait aux spécialistes des surprises plus étonnantes encore. L'immense tell de Jéricho, à 1,5 km de la ville moderne du même nom, était connu comme le site de la première cité prise par Josué après l'arrivée des Israélites dans la Terre Promise: «Quand il entendit le son des trompes, le peuple poussa un cri de guerre formidable et le rempart s'écroula sur lui-même». Aussi les premiers fouilleurs qui sondèrent le tertre s'intéressaient-ils surtout à l'histoire biblique. Mais, dans les années 1930, l'archéologue John Garstang, creusant en profondeur jusqu'au niveau le plus bas du tertre, démontra que le site de Jéricho avait été habité plus de 8 000 ans auparavant. Les recherches, interrompues par la Deuxième Guerre mondiale, reprirent en 1951 sous la direction de Kathleen Kenyon.

Kenyon et son équipe ouvrirent une tranchée dans le tell afin d'étudier les différents niveaux d'occupation. De 1952 à 1958, les fouilles continuèrent au rythme de trois mois par an. Les ouvriers, qui se réunissaient dès 7 h du matin pour recevoir leurs instructions, travaillaient ensuite jusqu'à 4 h 30 de l'après-midi. Pour les archéologues, la journée était beaucoup plus longue. Les membres de l'équipe disposaient en ligne les

Comment dater le passé

Carbone 14. *Toutes les substances vivantes absorbent du carbone 14 radioactif. L'assimilation cesse lorsque la plante ou l'animal meurt. La concentration de carbone 14 diminue alors progressivement, à une vitesse connue. Au bout de 5 730 ans, il n'en reste plus que la moitié et, après 17 190 ans, un huitième seulement. En mesurant la quantité de carbone 14 qui subsiste dans un objet organique ancien, pour la comparer ensuite avec un étalon contemporain, les experts peuvent évaluer l'époque de la mort de l'organisme. La corde d'une sandale, des ossements dans une tombe et même le charbon de bois d'un feu de camp peuvent être datés jusqu'à 50 000 ans de distance.*

Hydratation de l'obsidienne. *L'obsidienne est une roche volcanique vitreuse qui ressemble à du verre foncé. Les peuples anciens l'utilisaient pour fabriquer des racloirs et des pointes de lances. L'obsidienne absorbe l'eau, qui forme, à la surface de la roche, une très fine couche hydratée. Lorsqu'un artisan ancien cassait un morceau d'obsidienne pour en faire une pointe de lance, une nouvelle couche se formait sur la fracture. En mesurant l'épaisseur de cette couche hydratée, les scientifiques d'aujourd'hui peuvent préciser à quelle époque la pointe de lance a été fabriquée. Ils ont déterminé la vitesse de pénétration de la couche pour différentes conditions climatiques et types d'obsidiennes.*

Preuves documentaires. *Si un artefact, comme cette cruche de grès, a son pendant dans un tableau de date et d'origine connues, l'archéologue dispose d'un indice sur l'endroit et le moment où l'objet a été fabriqué et sur la manière dont il était utilisé. La cruche ci-dessus, reconstituée à partir de fragments découverts dans un établissement colonial américain, correspond à celle représentée dans un tableau hollandais de 1656. D'autres documents datés, lettres, inventaires, testaments, journaux intimes, etc., aident à identifier et à dater ces objets. Les fins limiers de l'archéologie peuvent donc suivre des pistes dans les bibliothèques et les musées aussi bien que dans les tranchées ou les laboratoires.*

Dendrochronologie. *La plupart des arbres présentent, à la fin de chaque année, un nouvel anneau de croissance ou cerne. Pour déterminer l'âge d'un arbre, il suffit donc de compter les cernes d'une coupe de son tronc. Comme les anneaux de croissance sont plus larges lorsque l'année a été humide, ils peuvent révéler l'histoire des changements climatiques. Les archéologues peuvent aussi comparer les cernes d'un arbre actuel avec ceux d'arbres et de poutres plus anciens, afin d'établir une chronologie qui remonte maintenant, dans une région du sud-ouest des Etats-Unis, jusqu'à 2 300 ans dans le passé. Les cernes d'un pieu de bois provenant d'une habitation ancienne peuvent donc révéler son âge.*

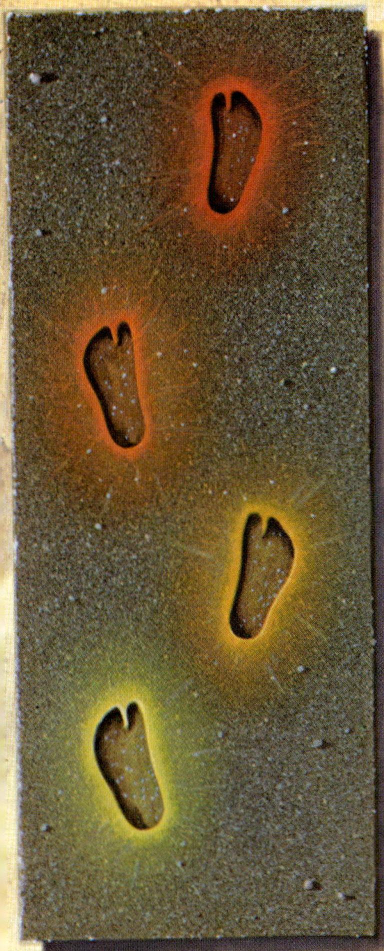

Potassium-argon. *L'isotope de potassium 40 se désintègre à une vitesse connue en deux autres isotopes: le calcium 40 et l'argon 40. Lorsqu'une roche volcanique se forme, sa chaleur chasse l'argon 40 existant. En mesurant le rapport entre les atomes de potassium 40 et les atomes d'argon 40 dans un échantillon de roche volcanique, les scientifiques modernes peuvent déterminer l'époque de la formation de la roche et, du même coup, dater les fossiles qui y sont encastrés, comme par exemple dans l'est de l'Afrique les empreintes d'un hominidé dans de la cendre. Contrairement au carbone 14, le potassium 40 se désintègre si lentement que cette méthode peut permettre de dater une roche vieille de plusieurs billions d'années.*

Potelles. *L'espace autrefois occupé par un poteau de bois ne révèle pas seulement la localisation et la forme d'un bâtiment ou d'une clôture. Grâce aux pièces de monnaie, boutons ou autres objets datables trouvés dans le remblai (terres, pierres et déblais utilisés pour soutenir le poteau), les archéologues peuvent déterminer la date limite inférieure de plantation du poteau. Quant aux artefacts découverts dans la potelle elle-même, ils indiquent la date limite inférieure à laquelle le poteau s'est décomposé ou a été enlevé, ces objets étant probablement tombés dans le trou après la disparition du poteau. Cette méthode aide aussi à la datation d'autres sites.*

Archéomagnétisme. *Au cours des millénaires, la position du pôle nord magnétique a changé. Lorsque de l'argile contenant un composé magnétique, par exemple de l'hydroxyde de fer* (rouille), *est exposée à des températures élevées, ces particules s'alignent sur le champ magnétique terrestre. De ce fait, le sol d'argile d'un four ou d'un puits à feu, ou même une tablette d'argile dans la bibliothèque d'un palais incendié, peuvent renfermer des particules aimantées qui pointent vers l'endroit où le pôle nord magnétique se trouvait à l'époque où ils ont été chauffés. Comme les scientifiques ont retracé les variations du CMT sur plusieurs milliers d'années, il leur est possible de dater ces «boussoles fossiles» en argile.*

Thermoluminescence. *L'argile utilisée pour la fabrication des poteries emmagasine une énergie provenant de la radioactivité naturelle. Lorsqu'elle est portée à 500°C ou davantage, elle restitue cette énergie sous forme de lumière. Cette thermoluminescence est évidemment totalement libérée lorsque le potier fait cuire le pot ou la figurine d'argile mais, ensuite, l'argile recommence à stocker l'énergie à une vitesse déterminée en laboratoire pour chaque échantillon. Pour établir l'ancienneté d'un tesson de poterie, les scientifiques peuvent donc le chauffer, afin de mesurer la quantité de thermoluminescence qu'il dégage. Cette méthode est également utilisée pour dater la terre de certains sites ensevelis.*

Ces habitations privées fascinaient Agatha Christie, qui épaulait consciencieusement son époux. « Nous avons trouvé un petit chien enterré sous un seuil où il était écrit : Ne perds pas ton temps à réfléchir, mords-le ! » « Quelle bonne devise pour un chien de garde ! J'imagine le visiteur déchiffrant ces mots sur l'argile et riant. » Dans l'aile du palais réservée à la famille royale, Mallowan exhuma une quantité de miniatures en ivoire et la dépouille d'une princesse. Les bureaux contenaient des « classeurs » en briques et des piles de tablettes cunéiformes, documents administratifs d'un roi qui avait régné au huitième siècle avant J.-C. Ces archives avaient été ensevelies sous une couche de cendres lorsque le palais avait été incendié par des envahisseurs au septième siècle avant J.-C.

A l'extérieur de la salle du trône, devant l'entrée principale, Mallowan et son équipe dégagèrent plusieurs couches de murs de briques effondrés. C'est là qu'ils mirent au jour une stèle de grès à inscription, érigée en 879 avant J.-C. par le roi Assurna-

Avec une brosse, un fouilleur époussette prudemment un rouleau de cuivre long de 2,5 m, brisé en deux : un des Manuscrits de la Mer Morte trouvés dans les grottes de Qumrân, en Jordanie (ci-dessus). *La plupart des rouleaux étaient en cuir. Ce rouleau de cuivre intrigua donc les experts, qui passèrent quatre ans à chercher un moyen de le dérouler sans l'endommager. Ils finirent par le découper en bandes. Il s'agissait de la liste des trésors cachés de la secte de Qumrân, mais ces richesses sont restées introuvables.*

A l'annonce de la découverte de la cache de Qumrân, Bédouins et archéologues se précipitèrent sur les lieux, impatients de fouiller les autres grottes de la vallée de l'oued de Qumrân (ci-contre), *qui avaient autrefois servi de refuge à des rebelles. Les trouvailles comportent des lettres et autres documents laissés par les disciples du héros juif Simon Bar Kobba, chef d'une révolte infructueuse contre les Romains en 132 après J.-C.*

Alberto Ruz avait découvert la dépouille sous le Temple des Inscriptions se nommait Pacal, ce qui signifie «Bouclier». Né selon toute probabilité le 26 mars 603 après J.-C., il a régné sur Palenque depuis le 26 juillet 615 jusqu'à sa mort, le 31 août 683, à l'âge de 80 ans. Par chance pour les savants modernes, Pacal avait fait rédiger une série de textes rappelant l'histoire de ses prédécesseurs et les dates de leurs décès. Pendant que les épigraphistes se penchaient sur les inscriptions mayas, les archéologues réexaminaient des sites mayas considérés jusque-là comme des centres cérémoniels où se réunissaient régulièrement les habitants de villages très dispersés. En 1956, le musée de l'université de Pennsylvanie et le gouvernement du Guatemala s'engagèrent conjointement dans l'exploration de Tikal, un des sites mayas les plus étendus. Envahie par la végétation, la cité ne se signalait plus aux regards que par les sommets de ses pyramides pointant au-dessus des arbres. Les archéologues avaient affrété des DC-3, qui atterrirent sur une piste de fortune taillée dans la forêt tropicale. Durant les premières saisons, ils campèrent dans des huttes de branchages et puisèrent l'eau dans un ancien réservoir maya.

En l'espace de 14 ans plus d'une centaine de spécialistes, archéologues ou hydrologistes, travaillèrent à Tikal. Tout d'abord, des ouvriers embauchés aux environs dégagèrent la

D'autres sites mayas du Mexique et d'Amérique centrale ont également contribué à la connaissance de cette culture raffinée qui s'est développée entre 250 et 900 après J.-C.

Libéré de l'emprise de la jungle guatémaltèque, Tikal, un des centres mayas les plus importants, attire de nombreux savants de disciplines différentes. Plus d'une centaine de spécialistes ont collaboré à l'étude des ruines, dans le cadre d'un projet mis en oeuvre en 1956 par le Musée de l'université de Pennsylvanie et le gouvernement du Guatemala.

Grande Place, centre d'une cité qui s'étendait sur plus de 75 km^2. Ensuite, des géomètres se déployèrent avec appareils photographiques et boussoles pour dresser le plan des 10 km^2 de terrain occupés par des temples-pyramides, des monuments en pierre gravés, des chambres souterraines creusées dans la roche, de larges chaussées et des milliers de plates-formes d'habitation. L'ouverture d'une tranchée de 10 m de large dans un complexe religieux d'un hectare mit au jour des traces d'occupation remontant à 600 avant J.-C. et des vestiges de temples de 300 avant J.-C. Des centaines d'autres tranchées, plus petites, révélèrent des jeux de balle, un marché et des quartiers résidentiels. Après que des ingénieurs guatémaltèques eurent tracé à travers la forêt, dans quatre directions différentes, des sentiers de 11 km de long, les archéologues s'enfoncèrent dans la jungle, de part et d'autre de ces pistes, sur 250 m. La carte de Tikal qui résulta de ces levés limités montrait des banlieues à forte densité de population, s'étendant jusqu'à plusieurs kilomètres du centre. Le petit village fondé quelque six siècles avant le Christ sur un plateau calcaire bien drainé s'était développé rapidement: au VIIIe siècle après J.-C., la métropole ne comptait pas moins de 40 000 habitants.

Comment expliquer alors une telle évolution? La position stratégique de Tikal avait sans doute joué en sa faveur. La ville était en effet située sur une voie de portage entre des réseaux fluviaux reliant la mer des Caraïbes au golfe du Mexique. De là à penser que ses puissants souverains contrôlaient les relations commerciales entres les hautes terres du Guatemala, le golfe du Mexique et la côte du Pacifique, il n'y avait qu'un pas.

Ces fouilles débouchèrent sur un programme de restauration mis en oeuvre par les autorités guatémaltèques. Bientôt, le parc national de Tikal attira chaque année des milliers de visiteurs. Si par la suite les troubles politiques finirent par éloigner les touristes du Guatemala, l'exemple de Tikal n'en porta pas moins ses fruits. La preuve était faite qu'un gouvernement pouvait, en investissant dans l'archéologie, améliorer ses rentrées touristiques. Beaucoup d'autres pays ont adopté, depuis les années soixante, une stratégie similaire. Le projet Tikal modifia la conception que les archéologues se faisaient de l'agriculture maya. Ayant vu les Mayas modernes défricher certaines zones forestières en brûlant la végétation basse après avoir abattu les arbres, ils en avaient tout naturellement déduit

Construit au VIIIe siècle après J.-C., le Temple I de Tikal, dégagé en 1960 de la végétation et des déblais qui l'encombraient (à gauche), *attend d'être restauré. Ce temple-pyramide à neuf étages, un nombre sacré pour les Mayas, haut de 44 m, domine la Grande Place de la cité et une sépulture royale. A l'origine, il devait être peint en rouge. Un linteau sculpté a inspiré son nom moderne: Temple du Jaguar Géant. Face à la pyramide se dressent des stèles de pierre, sur certaines desquelles des glyphes résument les règnes des souverains de Tikal. Des archéologues* (ci-contre) *fouillent en vain le Temple II, légèrement plus petit, à la recherche d'une chambre funéraire. Le plan* (en haut) *montre l'aspect que devait avoir le centre cérémoniel de Tikal il y a 1 200 ans, avec ses places et ses chaussées, ses réservoirs, ses ensembles résidentiels royaux et ses nombreux temples-pyramides. Les savants s'interrogent encore sur les raisons du déclin et de l'abandon soudains de la cité.*

que les anciens Mayas avaient fait de même. Mais, à Tikal, les plates-formes d'habitation n'étaient éloignées les unes des autres que de 450 m, une distance insuffisante pour que la population eût pu survivre par la seule pratique de l'agriculture sur brûlis. En fait, il s'avéra que les gens de Tikal avaient cultivé l'artocarpe, les tubercules comestibles, les haricots et le maïs dans des jardins de grand rapport, sur des terrasses, et dans des champs surélevés obtenus par remblayage dans les zones marécageuses. Cette agriculture intensive nourrissait la vaste population urbaine de Tikal.

Après 30 ans de recherches, le paysage agricole complexe des anciens Mayas commence seulement à se préciser. Mais les travaux de Tikal témoignent de la valeur de l'archéologie telle qu'elle s'est développée après la guerre de 1940, sur base du travail d'équipe et de la technologie. A l'heure actuelle, les fouilles ne jouent qu'un rôle mineur dans l'étude des relations complexes entre les peuples anciens et leur environnement naturel.

A Bonampak, au Mexique, des peintures murales raffinées ont fourni des renseignements nouveaux et passionnants sur les coutumes, les vêtements et l'ordre social des anciens Mayas. L'artiste guatémaltèque Antonio Tejeda Fonseca (ci-dessus), *membre d'une équipe envoyée sur place par la Carnegie Institution en 1946, a peint des copies en réduction de ces peintures très fragiles pendant que les archéologues mesuraient et fouillaient le site. Dans un détail d'une récente copie grandeur nature* (ci-contre), *des serviteurs habillent un souverain de peaux de jaguars cérémonielles, rehaussées d'ornements de jade.*

fin de l'âge du Bronze. Il transportait des lingots de cuivre en provenance de Chypre, qui pesaient 20 kilos pièce, ainsi que de l'étain, ces deux métaux servant à fabriquer le bronze. Des paniers d'osier contenaient d'ailleurs de la limaille de bronze. Comme nombre d'artefacts trouvés à bord paraissaient syriens ou palestiniens, Bass supposa que le navire, parti de Syrie, avait fait voile jusqu'à Chypre pour charger de la mitraille. Et, les rares effets personnels repêchés par ses plongeurs étant aussi d'origine syrienne ou palestinienne, il jugea qu'il s'agissait d'un navire phénicien ou cananéen bien que, de l'avis des savants, les principaux marchands des mers de l'époque eussent été les Mycéniens.

Pendant que Bass s'intéressait à la navigation commerciale, les Suédois étudiaient un navire de guerre, le *Vasa*, un galion de 1 200 tonneaux lancé à Stockholm en 1628. Une brise légère soufflait lorsque ce navire de 60 m de long avait levé l'ancre pour son premier voyage, surchargé de 64 canons de bronze et d'une foule d'hommes d'équipage, avec femmes et enfants. Mais, à moins de 1 500 m du dock, de fortes rafales gonflèrent ses voiles. Trop lourd, il donna aussitôt de la bande sur babord et, l'eau s'engouffrant par ses sabords ouverts, il coula comme une pierre par 33 m de fond, entraînant avec lui 30 à 50 personnes.

Plus de trois siècles s'écoulèrent avant que, vers 1950, un ingénieur suédois nommé Anders Franzen eût l'idée audacieuse de remettre le *Vasa* à flot. Après avoir longuement compulsé les archives, il entreprit de draguer le port. Il lui fallut des années pour déterminer la position de l'épave, mais il finit par repérer, dans un vaste tumulus qui s'arrondissait sous l'eau, des couples de chêne. Des plongeurs de la marine suédoise descendirent examiner les lieux. «On n'y voit goutte», rapporta l'un d'eux. Bientôt, toutefois, sa main se posa sur «quelque chose de solide, qui ressemblait, au toucher, à un mur de bois». C'était le *Vasa*!

Gouvernement, industriels et particuliers: tous unirent leurs efforts pour sauver le navire. Des plongeurs, travaillant presque sans visibilité, creusèrent sous la coque, au jet, six tunnels dans lesquels ils passèrent des câbles de 15 cm d'épaisseur, qui furent attachés à deux pontons partiellement remplis d'eau. Ensuite, il ne resta plus qu'à vider les pontons par pompage, et le *Vasa*

En 1961, le port de Stockholm acclame à nouveau le Vasa (page de gauche), *un galion qui a sombré dans ses eaux lors de son premier voyage, 333 ans plus tôt. Protégée par un châssis géant, la fière carcasse* (ci-dessus) *est tirée par un remorqueur vers la cale sèche où elle sera restaurée. La pagaille qui régnait dans l'entrepont du* Vasa *était telle* (en haut) *que les fouilles se révélèrent particulièrement pénibles. Mais, du chaos et de la boue, les archéologues réussirent à extraire les trouvailles les plus diverses – du chapeau d'officier le plus élégant à la plus humble des pipes de marin.*

Cette collection d'objets quotidiens rappelle un jour qui ne fut pourtant semblable à aucun autre : le 7 juin 1692, lorsqu'un tremblement de terre projeta dans la mer les deux tiers de la ville de Port Royal, à la Jamaïque. Depuis lors, cet ancien repère de boucaniers est devenu un pôle d'attraction pour les explorateurs et les archéologues. En 1959, les artefacts d'une fouille de dix jours (ci-contre) *couvrent une longue table dressée sur l'embarcadère – bouteilles de vin bulbeuses, pipes hollandaises à long tuyau et, en bas à droite, un pot en cuivre qui contient encore des os de bœuf et de tortue, provenant probablement d'un ragoût qui mijotait pour le déjeuner lorsque le désastre survint. Le long du quai est ancré le* Sea Diver, *un navire de recherche archéologique qui a servi de base flottante aux plongeurs. Partout dans le monde* (carte), *épaves et sites immergés constituent pour les archéologues une mine inépuisable de révélations sur la longue et difficile association de l'humanité avec la mer.*

En 1983, un plongeur (en haut à droite) *examine le sol de briques qui a été foulé pour la première fois trois siècles plus tôt. Comme beaucoup d'autres à Port Royal, l'immeuble qui se dressait ici a été « ébranlé et réduit à l'état de ruines, puis submergé par la mer ». Le plongeur ne porte pas de bouteilles : il respire par un tuyau relié à un compresseur en surface – système du « narguilé » très utilisé dans les eaux peu profondes. Dans cette vue aérienne de Port Royal* (en bas à droite), *le pointillé indique la ligne du rivage avant la catastrophe.*

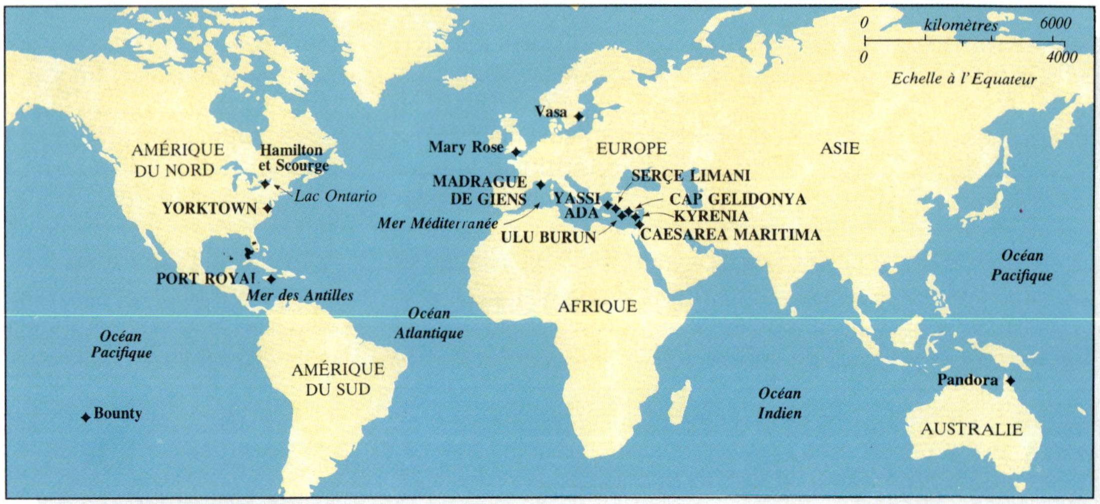

sous-marine un pas décisif, grâce à la fouille d'un navire byzantin échoué à 35 m de profondeur, près de l'île de Yassi Ada, au large des côtes occidentales de la Turquie. L'épave était un amoncellement d'amphores avec, à une extrémité, quelque chose qui ressemblait à des ancres rouillées. Les archéologues débarrassèrent l'épave de la végétation marine qui l'avait envahie, numérotèrent chaque objet au moyen d'étiquettes plastifiées et installèrent sur le site un cadre divisé en carrés par un réseau de fils métalliques. Ensuite, des artistes se déplacèrent au-dessus de ce grillage avec des feuilles de plastique quadrillées, afin de marquer sur la carte la position des artefacts avant que les plongeurs ne les remontent à la surface. Sur le bateau, les archéologues nettoyaient les objets et en cherchaient d'autres dans les amas de détritus et de coquillages aspirés par les tuyaux souples des suceuses à air. En outre, pour photographier les fouilles en continu, Bass installa deux tourelles d'observation.

A la fin de la deuxième saison, Bass avait mis au jour la plus grande partie de la cargaison, ainsi que la cuisine. Située dans les profondeurs de la coque, elle était équipée d'une cuisinière carrelée, de belles pièces de vaisselle et d'une impressionnante batterie de cuisine. Des monnaies retrouvées dans l'épave permirent de dater celle-ci de la première moitié du VIIe siècle après J.-C. Sur une balance qui servait à peser la cargaison était inscrit un nom: «Georges l'Ancien, capitaine de ce navire».

Les planches de l'épave, qui jonchaient le site, étaient si légères qu'elles risquaient d'être balayées par les mouvements des plongeurs ou par les courants. Aussi Bass se procura-t-il 2 000 rayons de bicyclettes, qu'il tailla en pointe à une extrémité, afin que les plongeurs puissent les utiliser pour fixer les planches sur le fond marin. Un de ses assistants, Frederick H. van Doornick Jr, supervisait l'enregistrement du moindre fragment de bois, sans négliger ni les trous de clous, ni les éraflures, ni les mortaises. Plus tard, à partir de ces données, il recréa le navire sur papier. Sur ses dessins, l'épave, longue de 21 m, semblait en bon état de conservation mais, en réalité, son étrave avait disparu et, de sa poupe, il ne restait qu'un moignon déchiqueté. Pour reconstituer le navire de Yassi Ada, Van Doornick avait dû exploiter au maximum les indices les plus ténus.

Sous l'eau, un objet en fer, avant de se décomposer, s'entoure d'une gangue de concrétions qui moule sa forme en creux. Or, les concrétions de ce genre abondaient sur le site de Yassi Ada. Un membre de l'équipe de Bass, Michael L. Katzev, scia ces gangues et y coula une pâte de caoutchouc synthétique. Il put ainsi tirer de ces moules naturels des objets «en fer» plus vrais que nature – moulages en caoutchouc recouverts d'une mince couche de rouille. Katzev reconstitua ainsi des haches à double lame, des herminettes, des marteaux, des gouges de menuisier, et même un ciseau de calfat et des limes dont les stries étaient d'une netteté parfaite. Avec une telle panoplie d'outils, l'équipage devait être virtuellement autonome et capable d'effectuer n'importe quelle réparation.

Les 3 575 plongées effectuées sur le site de Yassi Ada eurent raison de l'idée selon laquelle l'archéologie sous-marine ne pouvait pas atteindre le même niveau de précision que l'archéologie terrestre. Au fur et à mesure que leur technique de plongée s'affinait, Bass et ses confrères purent se concentrer davantage sur l'examen des épaves, véritables capsules temporelles qui leur en apprenaient tout autant que la vie à terre que sur les voyages en mer. Les amphores à vin romaines, par exemple, étaient souvent fermées par des bouchons qui portaient le sceau du fournisseur – une sorte de label de qualité qu'il fallait briser pour servir le vin. Mais, pendant les dix ans que durèrent les fouilles de La Madrague de Giens, l'équipe du CNRS d'Aix-en-Provence retrouva plusieurs de ces sceaux intacts. Les chercheurs découvrirent ainsi l'origine des différents vins et purent retracer une partie du réseau commercial de l'époque.

Disposant des mesures du navire de La Madrague et de tous les détails de sa construction, l'archéologue français Patrice Pomey fureta dans les bibliothèques, des mois durant, à la recherche de navires similaires. Il en découvrit une représentation en Tunisie, sur une mosaïques d'un établissement de bains. Le navire de La Madrague de Giens avait coulé au premier siècle avant J.-C. mais la mosaïque, elle, datait du IIIe siècle après J.-C. La preuve était donc faite que ces gros vaisseaux

Cressi-sub

marchands avaient dû sillonner les mers pendant deux siècles au moins. Le projet contribua donc à démontrer l'importance du commerce romain au début de notre ère.

Ce sont les méthodes de prospection qui constituent la principale différence entre l'archéologie terrestre et l'archéologie sous-marine. Pour repérer les navires naufragés jusqu'à 50 m de profondeur, Bass et ses confrères s'en remettaient aux pêcheurs d'éponges. Mais ces épaves, qui sont les plus faciles à situer et à fouiller, se font de plus en plus rares. Restent les navires qui ont coulé en eau profonde et dont certains artefacts remontent parfois à la surface entre les mailles d'un filet de pêche. Pour les localiser avec précision, les scientifiques scrutent les profondeurs avec les mêmes «yeux» que les services de l'armée et les compagnies pétrolières. Ils utilisent notamment le sonar latéral qui, remorqué par un bateau, émet de part et d'autre de sa route des ondes ultrasonores; celles-ci, réfléchies par le fond, en donnent une image acoustique qui est traduite graphiquement par un enregistreur.

Ce sonar, Bass l'essaya pour la première fois près de Bodrum, un port du sud-ouest de la Turquie. Comme le faisceau d'ondes émis par l'appareil pouvait balayer un espace de 350 m de large, il suffisait de croiser dans la zone choisie à des intervalles de 180 m pour examiner deux fois chaque portion du fond marin. Cette méthode de prospection révéla une cible possible: un tumulus d'amphores à 85 m de profondeur. Dans des eaux moins profondes, cependant, les pêcheurs d'éponges peuvent encore rivaliser efficacement avec la technologie de pointe. Une découverte faite en 1982 dans le sud de la Turquie, au large du cap Ulu Burun, le prouva à suffisance. Un pêcheur d'éponges y avait repéré, sur le fond marin, non loin de la ville de Kas, «des biscuits de métal avec des oreilles». Or, Bass s'aperçut bientôt que ces «biscuits» n'étaient autres que des lingots de cuivre à quatre portants, provenant d'un naufrage survenu vers 1375 avant J.-C. Les débris de l'épave étaient éparpillés entre 43 et 51 m de profondeur. A en juger par sa cargaison, le navire, chargé en Syrie, avait dû faire escale à Chypre; lorsqu'il s'était écrasé sur les récifs d'Ulu Burun, il devait faire voile vers la Grèce ou vers l'ouest de la Turquie. Cette épave, la plus ancienne jamais fouillée sous l'eau, a pu être datée grâce à sa cargaison, ainsi qu'à différents artefacts, parmi lesquels deux bracelets en argent et une coupe mycénien-

En 1984, au large d'Ulu Burun, près de la ville turque de Kas, un plongeur soupèse une tête de massue en pierre (à gauche), *qui provient d'un vaisseau naufragé vers 1375 avant J.-C. Cette épave, la plus ancienne jamais fouillée, gisait au bas d'une pente, par 51 m de fond: c'était la première fois que des plongeurs en scaphandre autonome entreprenaient la fouille d'un site à une telle profondeur. George F. Bass* (à droite), *père de l'archéologie sous-marine et directeur du projet, donne ses instructions à son équipe.*

ne à deux anses. Bien qu'il ne restât du navire qu'une partie de la quille et du bordé, Bass estima sa longueur à une vingtaine de mètres.

A elle seule, la cargaison en apprit beaucoup aux archéologues sur le commerce à l'âge du Bronze. Le navire était chargé de poteries grecques, cypriotes et phéniciennes, dont certaines avaient été soigneusement «emballées» dans une grande jarre. Des amphores en provenance de Canaan contenaient des perles de verre, de la poix et des semences. En outre, le navire transportait 150 lingots de cuivre et quelques-uns d'étain, ainsi que des blocs de verre bleu, les plus anciens jamais découverts, une défense d'éléphant et une dent d'hippopotame. Les fouilleurs repêchèrent également des dagues en bronze, des pointes de lance et une épée, un gobelet en or, un pectoral en forme d'oiseau de proie et un médaillon, les deux dernières pièces paraissant d'origine syrienne. Antérieure de près de deux siècles au navire du cap Gelidonya, l'épave d'Ulu Burun était aussi infiniment plus riche. Bass et ses confrères n'en auront pas terminé la fouille avant cinq ans, et l'interprétation des trouvailles leur prendra beaucoup plus longtemps encore.

Des milliers d'années et de kilomètres séparent le navire d'Ulu Burun du *Scourge* et du *Hamilton*, deux schooners de la marine américaine qui, aux premières heures du 8 août 1813, furent submergés, sur le lac Ontario, par un grain particulièrement violent. Les navires chavirèrent et coulèrent en quelques minutes et, des deux équipages, 16 hommes seulement survécurent. Quelque 160 ans plus tard, l'historien A. Nelson découvrit, dans le journal de bord du HMS *Wolfe*, un navire britannique qui avait vu sombrer les deux Américains, une référence à l'endroit du naufrage. Alerté par Nelson, un service gouvernemental canadien délimita, au large de Port Dalhousie, en Ontario, une aire de prospection qui fut explorée à l'aide d'un équipement électronique de pointe. Puis, en 1982, l'équipe mit à l'eau un engin télécommandé, équipé de caméras de télévision et conçu pour être manœuvré à une grande profondeur à partir d'une embarcation de surface.

Le lac Ontario est profond et froid. Les épaves en bois y sont protégées à la fois de la corrosion par le sel et des micro-organismes qui prolifèrent dans les eaux plus chaudes. Sur son écran de contrôle, Nelson vit bientôt apparaître les deux navires. Ils gisaient par 90 m de fond, dans un état de

Des lingots de cuivre quittent le navire d'Ulu Burun de la même manière qu'ils y ont été embarqués, il y a 34 siècles: sur les épaules de manutentionnaires (ci-dessus). *Mais ceux-ci ne manipulent pas de simples marchandises: ils déchargent une cargaison de données sur le commerce maritime de l'âge du Bronze – cargaison encore enrichie par la découverte d'un gobelet en or* (ci-contre). *A Serçe Limani, en Turquie, une autre épave, qui a coulé il y a un millénaire avec un chargement de verrerie, livre peu à peu ses secrets à cette équipe* (page de droite), *qui nettoie les artefacts avec des instruments de dentisterie.*

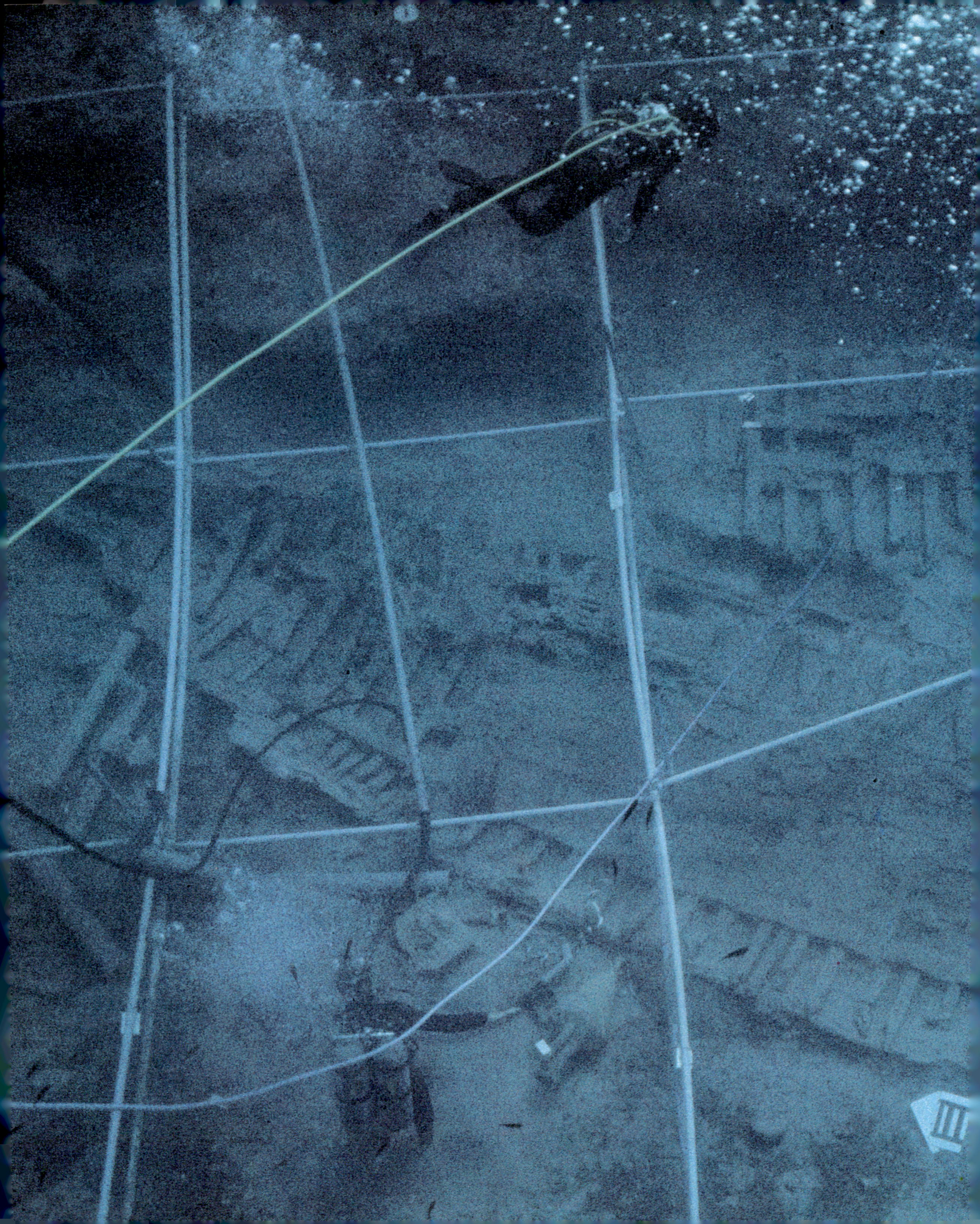

de temps et de travail, mais le navire était solidement construit: les planches étaient assemblées au moyen de languettes chevillées dans des mortaises. Le navire, déjà d'âge respectable, avait subi pas mal de réparations – remplacement de planches pourries, doublage du bordé et renforcement de la carène à l'endroit même où elle s'était finalement fendue. Le navire avait été mis à sec au moins deux fois pour radoub. Son propriétaire l'avait même fait revêtir de feuilles de plomb, afin de le protéger de la voracité des xylophages et d'améliorer son étanchéité. Ce revêtement avait en grande partie disparu, mais Steffy put en reconstituer l'aspect à partir des trous de clous dans les planches. Grâce à ses recherches, qui sont encore loin d'être achevées, nous savons aujourd'hui comment les Grecs construisaient les navires dont dépendaient leur commerce, leur défense et leur expansion territoriale.

Les archéologues sous-marins s'activent maintenant dans le monde entier, plongeant sans relâche en quête d'épaves comme celle de la frégate *Pandora*, qui coula au nord de l'Australie en 1791, avec ses 24 canons et quatre des mutins du *Bounty* qui, après leur capture, avaient été enfermés dans une cage, sur le pont. A Yorktown, en Virginie, un batardeau enserre l'épave d'un navire sabordé dans la York River par Lord Cornwallis, qui commandait les Habits Rouges britanniques pendant la Révolution américaine. Les plongeurs-archéologues y travaillent à six mètres de profondeur, dans une eau boueuse que des filtres clarifient tant bien que mal. Un système de détection par ordinateur a été utilisé pour repérer les artefacts disséminés sur le fond vaseux.

Une des réalisations les plus spectaculaires de ces dernières années a été le renflouage du *Mary Rose*, un superbe vaisseau de guerre qui coula au large de Portsmouth, en Angleterre, le 19 juillet 1545, sous le règne d'Henry VIII. Ce jour-là, le roi Henry s'apprêtait à affronter une force d'attaque française de 235 navires et 30 000 hommes de troupes. Lui-même ne disposait que de 60 navires, parmi lesquels le *Mary Rose*, vieux de 35 ans, qui avait été radoubé pour la circonstance et armé de canons à longue portée. Le *Mary Rose* appareilla par vent faible, avec ses 415 hommes d'équipage, auxquels s'étaient ajoutés 285 soldats et hommes d'armes, qui alourdissaient encore le navire déjà surchargé. Il était encore en vue de la terre quand, sous une brusque risée, il donna de la bande sur tribord et, embarquant des torrents d'eau par ses sabords ouverts, coula en moins d'une minute sous les yeux du roi stupéfait. Trente hommes seulement en réchappèrent.

Le *Mary Rose* ne fut localisé qu'en 1971, par le plongeur et journaliste anglais Alexander McKee et sa compatriote l'archéologue Margaret Rule, qui venaient de passer six années à rechercher des épaves dans le canal du Solent, qui sépare l'île de Wight de la côte du Hampshire. les tempêtes hivernales avaient bouleversé le fond marin, mettant à nu, comme autant de pierres tombales noircies, les membrures massives du navire. Celui-ci était couché sur tribord par 12 m de fond, dans un

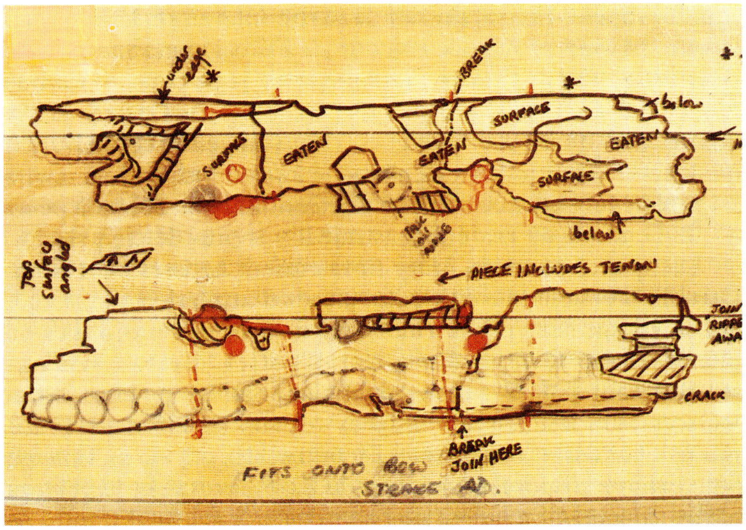

Dans une galerie du château croisé de Chypre, l'épave de Kyrenia (page de gauche) *flotte sur une mer d'échafaudages, pendant que des experts reconstituent sa coque. D'après l'archéologue Michel A. Katzev, «le bois avait la consistance d'un pain frais, pâteux», jusqu'à ce qu'il eût été remonté à la surface, petit à petit, et imprégné de polyéthylène glycol. Quelque 6 000 fragments ont été dessinés dans les moindres détails* (ci-contre), *y compris les dégâts causés par les xylophages. Au Pirée, le port d'Athènes, des artisans* (ci-dessus) *construisent une réplique du navire de Kyrenia selon les procédés antiques. Comme les constructeurs de navires d'autrefois, ils n'introduisent les membrures qu'après avoir assemblé le bordé, afin de renforcer la coque. Un modèle réduit réalisé précédemment a surpris ses constructeurs par sa navigabilité.*

des blessés qui avaient été écartés des lieux du combat pour que leurs gémissements ne démoralisent pas leurs camarades.

Le *Mary Rose* était un véritable microcosme de la société anglaise du XVIe siècle. Les marins étaient chaussés de solides souliers de cuir, buvaient de la bière et mangeaient dans des assiettes en bois. Ils rangeaient dans leurs cantines des vêtements et des lignes de pêche, et l'un d'eux possédait même un compas monté sur cardan. Le chirurgien-barbier était monté à bord avec un coffre bourré de remèdes et les instruments de sa fonction, y compris une scie pour les amputations, une cuvette à saignées, trois seringues en laiton pour le traitement des maux de vessie et des maladies vénériennes, et un gros maillet de bois qui devait être utilisé pour enfoncer la lame lors des amputations... ou bien pour endormir les patients en un temps où l'anesthésie n'existait pas !

Les officiers, richement vêtus, étaient tous munis de cadrans solaires de poche, et ils devaient avoir l'habitude de se faire les mains, car l'un d'entre eux au moins avait emporté un nécessaire à ongles. Ils dînaient dans de la vaisselle d'étain et le vin leur était servi dans des fiasques. L'ordinaire du navire consistait en gibier, mouton, bœuf, porc, légumes et fruits frais. Une horde de rats, dont les ossements ont été retrouvés un peu partout dans le navire, faisait bombance avec les restes.

Des renflouages comme ceux du *Mary Rose* et du *Vasa* ne sont malheureusement pas légion en archéologie sous-marine. Dans la plupart des projets, les archéologues doivent se contenter de faire de la prospection ultrasonore, de récupérer un maximum d'artefacts et de dresser l'inventaire de la cargaison : l'épave elle-même reste au fond. Dans un cas comme dans l'autre, cependant, les trouvailles peuvent éclairer les chercheurs sur la vie à terre aussi bien que sur les voyages en mer. C'est pourquoi les archéologues sous-marins travaillent parfois la main dans la main avec leurs homologues terrestres – comme c'est le cas sur le site de Caesarea Maritima.

Hérode le Grand, roi de Judée sous l'occupation romaine, avait édifié à Caesarea Maritima, au sud d'Haïfa, en Israël, deux énormes brise-lames, qui protégeaient un port artificiel de 1,5 ha. Des secousses sismiques ont depuis longtemps détruit les brise-lames, mais les photographies aériennes aux infrarouges et les relevés sous-marins ont montré que les ingénieurs d'Hérode n'avaient pas conçu un simple port mais bien un ensemble de mouillages intérieurs et extérieurs, ouvert aux navires marchands de l'époque du Christ. Un phare signalait l'entrée de ce havre, et des rangées d'entrepôts s'alignaient sur ses brise-lames. Grâce à des jarres brisées, les archéologues ont pu se faire une idée des marchandises qui y étaient emmagasinées, depuis le vin de Rhodes jusqu'au poisson mariné. Quant à l'archéologie terrestre, elle a brossé le portrait d'une cité de marbre blanc, avec un palais, un théâtre, un aqueduc, un système d'égouts et des remparts. Un temple d'Auguste dominait le port, qui fut jadis le rival du Pirée.

Diamètre 2 cm

A Caesarea Maritima, en Israël, le fantôme d'un port se profile sous la mer (à l'extrême gauche). *Un plongeur* (ci-dessus) *longe les décombres d'un brise-lames, examinant d'énormes blocs de béton coulés sous l'eau dans des formes en bois – une technique inventée par les Romains. A terre, les fouilleurs ont mis au jour des bâtiments publics, un théâtre, le palais du gouverneur, et cet* aureus *d'or, une monnaie qui date d'environ 70 après J.-C. et qui porte le nom du royaume d'Hérode: Judaea* (ci-contre).

mondiale et, à la fin du conflit, ils poursuivirent leur travail dans des régions reculées du monde, notamment en Afrique et dans le sud-est asiatique. La recherche de fossiles humains primitifs avait commencé plus d'un demi-siècle auparavant, lorsqu'un jeune médecin hollandais, Eugène Dubois, avait déterré près de Trinil, dans l'île de Java, un fragment de crâne apparemment humain. Un an plus tard, en 1892, il trouva un fémur qui présentait de nombreuses caractéristiques humaines. Dubois baptisa son nouvel hominidé *Pithecanthropus erectus* («homme-singe dressé»), s'attirant ainsi les critiques de certains de ses confrères qui allèrent jusqu'à l'accuser d'hérésie. Mais il eut sa revanche en 1929, lorsque le paléontologue chinois W.C. Pei tira de la grotte de Choukoutien, près de Pékin, un crâne presque complet qui ressemblait fortement à la trouvaille de Dubois. Aussi les savants virent-ils bientôt dans l'homme de Pékin, comme dans celui de Java, un spécimen d'*Homo erectus* («homme dressé»).

En 1924, Raymond Dart, professeur d'anatomie à Johannesburg, reçut deux boîtes d'ossements fossilisés récupérés dans une carrière de calcaire près de Taung. Une de ces boîtes contenait un morceau de roche arrondi qui n'était autre que le moulage de la face interne d'une calotte crânienne. Parmi les autres échantillons, Dart découvrit, enchâssé dans la pierre, le crâne fossilisé d'une petite créature simiesque, dotée d'une dentition complète de dents de lait presque humaines, à côté desquelles perçaient les premières molaires. De la position du trou occipital à la base du crâne, Dart conclut que l'enfant était adapté à la station verticale. Dart baptisa sa trouvaille *Australopithecus africanus* («singe d'Afrique du Sud»), affirmant qu'il présentait à la fois des caractéristiques simiesques et humaines. La plupart des savants, toutefois, hésitaient à voir dans l'enfant de Taung un des ancêtres de l'homme. Trente-cinq ans plus tard, lorsque Mary Leakey découvrit son *Zinjanthropus*, les grottes des environs de Johannesburg avaient livré des dizaines

«J'ai d'abord cru qu'il exagérait», reconnut Mary Leakey (ci-dessus, à gauche) *après qu'un fouilleur lui eût annoncé la découverte à Laetoli, dans le nord de la Tanzanie, d'une empreinte de pas fossile de 30,5 cm de long. Mais elle dut bientôt se rendre à l'évidence: cette empreinte, ainsi que d'autres repérées par son équipe en 1978, avait été laissée dans la cendre volcanique par des hominidés à station verticale quelque 3,6 millions d'années auparavant* (ci-dessus).
En 1968, au camp de base d'Omo, en Ethiopie, Richard Leakey (alors âgé de 23 ans) et son père Louis examinent un fragment de crâne (page de gauche). *Contrairement à d'autres, Louis Leakey se refusait à y voir un crâne de babouin. «C'était un grand animal et il se demandait s'il ne s'agissait pas d'un hominidé», écrira Richard quelques années plus tard.*

1

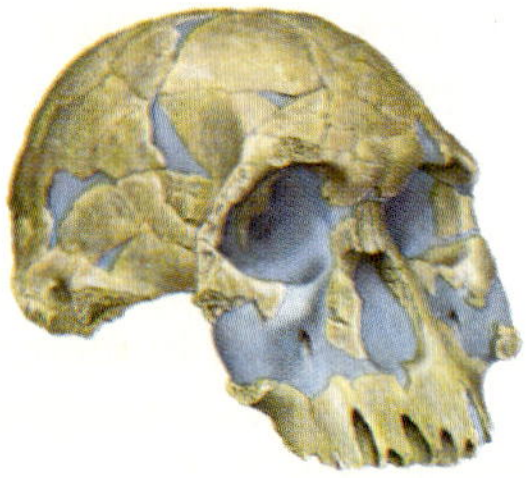

2

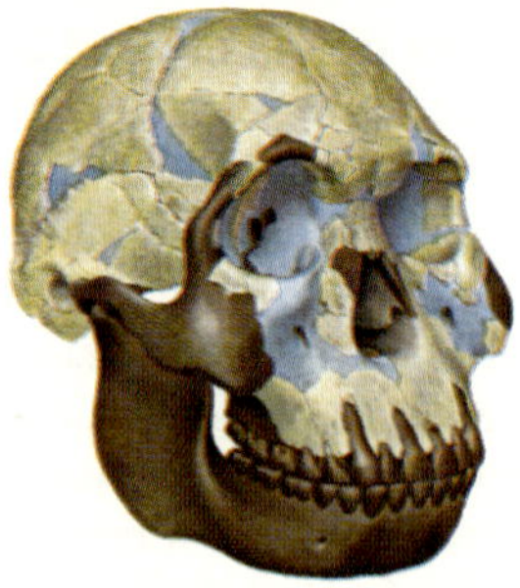

3

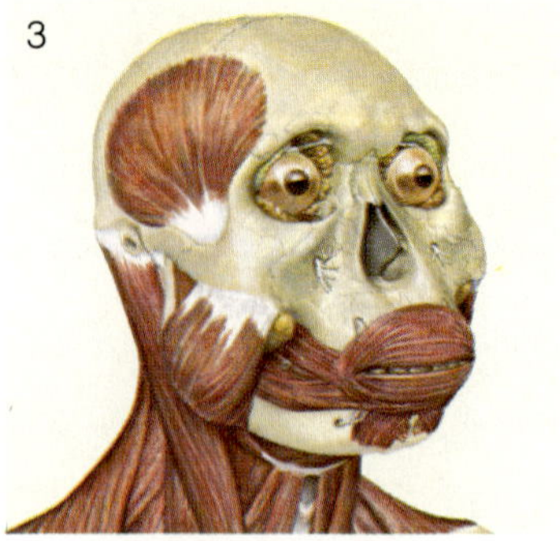

4

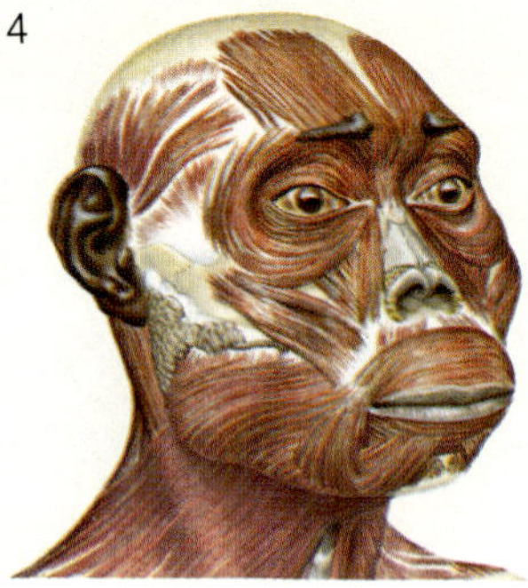

Dû à la collaboration de l'art et de la science, ce portrait d'une de nos lointaines ancêtres a exigé une bonne dose d'imagination. Un crâne brisé, trouvé près du lac Turkana en 1972 et enregistré sous l'étiquette KNM-ER 1470, fut reconstitué en argile bleue (1) *par Meave Leakey et Alan Walker. Des échantillons de cendre volcanique ont permis de le dater avec précision : il est vieux de 1,9 million d'années. En se basant sur les dents d'un crâne du même type, un artiste a recréé les mâchoirs de KNM-ER 1470* (2). *Des yeux ont été introduits dans les orbites et des muscles et du cartilage adaptés aux os de la face pour former la tête* (3), *à laquelle une bonne connaissance de l'anatomie a ajouté des glandes, des dépôts graisseux, d'autres muscles et encore du cartilage ; pour le nez, les lèvres, les oreilles et les sourcils* (4), *les spécialistes en ont été réduits aux conjectures, de même que pour la couleur de la peau. Quant au sexe, il n'a été déterminé qu'en fonction de la délicatesse du crâne. Bref, KNM-ER 1470 n'est qu'incertitude* (ci-contre). *Sa ressemblance avec l'*Australopithecus *simiesque signifie-t-elle que l'humanité a évolué à partir de cette créature ou bien ses différences suggèrent-elles la conclusion inverse ? La science se demande encore où la situer.*

vai, qui furent soumis à la technique de datation par le potassium-argon, idéale pour calculer l'âge d'objets vieux de plusieurs millions d'années. Contrairement à d'autres savants, les Leakey étaient persuadés que l'homme vivait sur la terre depuis plus d'un million d'années, mais il n'avaient aucune idée de son ancienneté réelle. La datation par le potassium-argon stupéfia le monde scientifique en attribuant aux sites primitifs d'Olduvai l'âge incroyablement élevé de 1,75 millions d'années, donc une ancienneté bien plus grande que qui que ce soit ne l'avait imaginé. L'ancienneté de l'homme avait brusquement doublé.

Mais les savants n'étaient pas au bout de leurs surprises. Un des fils des Leakey, Richard, qui était passé maître dans le métier de chasseur de fossiles, souhaitait réaliser un projet sans l'aide de ses parents. Or, en survolant la région désertique située à l'est du lac Turkana, dans le nord du Kenya, il avait repéré des gisements de fossiles particulièrement riches. A la fin de sa première saison de fouilles, en 1968, Richard avait reconnu un site à fossiles de 1200 km^2, près de Koobi Fora, sur la rive orientale du lac Turkana. Pour explorer cette région dépourvue de pistes, l'idée lui vint de louer des chameaux. En se rappelant cette aventure de jeunesse, il écrira plus tard: «Je dois avouer que j'ai passablement enjolivé mon image d'explorateur parcourant le grand désert africain à dos de chameau. A cause des nombreux lions qui rôdaient aux alentours, je faisais toujours halte avant la tombée de la nuit. Après le dîner, nous buvions du café autour du feu mourant, et nous parlions. Il m'est difficile d'exprimer le sentiment de plénitude que suscitaient en moi ces soirées passées sous le ciel resplendissant d'étoiles, à écouter le frémissement du vent et les appels lointains des chacals, des hyènes et parfois des lions. Dormir sans abri, à même la terre chaude, est peut-être le meilleur moyen de comprendre les conditions dans lesquelles doivent avoir vécu nos ancêtres préhistoriques.»

Lors d'une nouvelle expédition à dos de chameau à Koobi Fora, près de dix ans après la grande découverte de sa mère en 1959, Leakey aperçut dans le lit asséché d'une rivière un crâne dont les orbites vides semblaient le fixer: un crâne complet d'Australopithécidé très semblable à celui d'Olduvai, auquel il pouvait être comparé. C'était une aubaine car, la plupart du temps, les crânes se brisent longtemps avant de se fossiliser. A celui du lac Turkana, il ne manquait que les dents. Tout au long de ses travaux au Kenya, Richard Leakey fut assisté par des autochtones. En 1972, Bernard Ngeneo découvrit au flanc d'un ravin des fragments d'un crâne fossile, que Meave, la femme de Richard, et l'anatomiste Alan Walker reconstituèrent. Il avait à peu près le même âge que les Australopithécidés: 1,9 millions d'années. Comme la capacité cérébrale du nouveau fossile était beaucoup plus importante que celle d'*Australopithecus*, Leakey attribua le crâne à *Homo habilis*, le fabriquant d'outils. Il étaya ainsi la conviction de son père qui, après avoir exhumé *Homo habilis* à Olduvai, avait eu l'intuition que des hominidés plus avancés qu'*Australopithecus* avaient vécu en Afrique à la même époque que lui. Louis Leakey, qui souffrait de troubles cardiaques, mourut deux jours après avoir examiné ce dernier crâne.

Pendant que son fils travaillait à Koobi Fora, Mary Leakey quitta les fouilles d'Olduvai pour s'intéresser aux gisements de fossiles de Laetoli, à une cinquantaine de kilomètres plus au sud. C'est là qu'elle mit au jour en 1978 des empreintes de pas d'hominidés inscrites, sur une longueur de 23 m, dans des cendres volcaniques durcies vieilles de 3,6 millions d'années. Des animaux et des hominidés à station droite avaient marché sur des débris volcaniques avant qu'une nouvelle éruption ne fît pleuvoir de la cendre sur leurs traces. Des trois lignes d'empreintes d'hominidés, celles de gauche étaient les plus petites. Persuadée qu'elles avaient été laissées par un enfant, Mary Leakey éprouva «une sorte de déchirement temporel. A un moment donné, (l'enfant) s'arrête, se tourne vers la gauche, à cause d'une menace ou d'une anomalie quelconque, puis continue vers le nord. Ce mouvement si intensément humain, transcende le temps. Il y a trois millions six cent mille ans, un de nos lointains ancêtres a connu, comme cela peut arriver à n'importe qui d'entre nous, un moment de doute.»

Les découvertes des Leakey incitèrent d'autres savants à rechercher les racines de la lignée humaine. En 1974, le paléoanthropologue Donald C. Johanson mit au jour, dans une région reculée du Triangle Afar, dans le nord de l'Ethiopie, une partie de squelette. Il s'agissait d'un hominidé femelle, à qui Johanson donna le nom de Lucy. Elle ne mesurait que 1,04 m et elle était morte vers 20 ans. Un an plus tard, avec le soutien financier de la National Geographic Society, Johanson exhuma

*Alan Walker (tenant un crayon) et Richard Leakey inspectent un crâne découvert en morceaux, au cours d'une expédition, en 1984. Après en avoir trouvé par hasard un premier fragment, l'équipe de chasseurs de fossiles, baptisée «la bande des hominidés», se lança dans trois semaines de fouilles minutieuses. Peu à peu, le sol pierreux leur livra le squelette d'un jeune garçon de 12 ans, qui marchait le long du lac Turkana il y a environ 1,6 million d'années. Son squelette est le plus complet jamais mis au jour d'*Homo erectus*, *l'ancêtre de l'homme moderne.*

la «première famille»: les restes d'au moins treize hominidés, qu'il tira de dépôts de vase, de sable et de cendres volcaniques vieux d'environ trois millions d'années. «Lorsque Don me montra la première rotule», raconta son confrère C. Owen Lovejoy, «je lui dis de retourner sur le terrain et de me dénicher un animal entier. Il réussit en découvrant Lucy. Alors, je lui dis de persévérer jusqu'à obtenir un peu de variété. L'année suivante, il trouva Papa, Maman et les enfants.»

Les hominidés d'Hadar, qui vivaient pendant la même période géologique que les créatures dont Mary Leakey avait retrouvé les traces à Laetoli, furent à l'origine d'une vive controverse. Pour Johanson, les hominidés d'Hadar, auxquels il avait donné le nom générique d'*Australopithecus afarensis* («homme-singe du sud d'Afar»), appartenaient à la même espèce que ceux trouvés par les Leakey. Ils étaient les ancêtres de tous les autres Australopithécidés et en fait de l'humanité elle-même. Mais les Leakey et d'autres savants contestaient farouchement cette prétention, affirmant que les hominidés d'Hadar, commes les fossiles du lac Turkana, n'appartenaient pas à une seule espèce mais devaient être classés dans des catégories différentes. De telles oppositions n'ont rien de surprenant, notre connaissance de l'évolution des hommes primitifs s'articulant autour de découvertes de fossiles très ponctuelles. Selon le mot d'un savant, cette démarche équivaut à essayer de reconstituer *Guerre et Paix* de Tolstoï à partir d'une douzaines de pages prises au hasard.

En 1984, la recherche d'un nouveau site d'hominidés sur la rive occidentale du lac Turkana, financée par la National Geographic Society, aboutit à une nouvelle découverte capitale. Kamoya Kimeu, le chef des collecteurs de fossiles de Richard Leakey, se promenait près du camp de base pendant son jour de congé lorsqu'il repéra un fragment de crâne. En trois semaines de fouilles dans la chaleur torride de l'été kenyan, l'équipe de Leakey récupéra le squelette presque

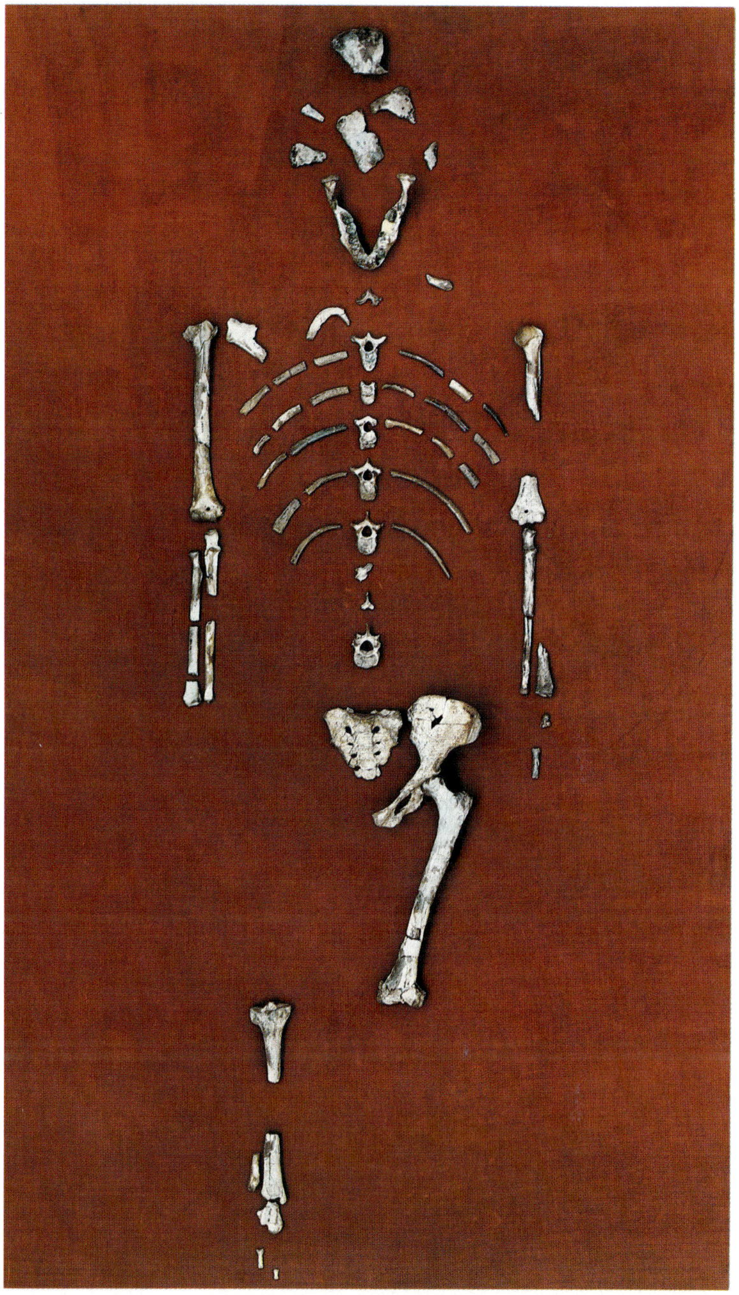

A Hadar, en Ethiopie, des chasseurs de fossiles passent un ravin au peigne fin (ci-dessus). *C'est ici que, en 1974, après une journée de vaines recherches, le savant américain Donald C. Johanson et un étudiant, Tom Gray, découvrirent un os. « C'est un morceau du bras d'un hominidé », s'écria Johanson. Gray intervint : « Regardez, là ! Des côtes ! » Ayant déterré successivement l'arrière d'un crâne, deux vertèbres et un morceau de bassin, ils se mirent malgré la chaleur accablante « à bondir sur place, tout en sueur, hurlant et nous applaudissant » pour avoir trouvé, selon l'expression de Gray, « quelque chose de grand ». La trouvaille était grande mais son objet petit : un hominidé femelle haut d'un peu plus de 1 m* (ci-dessus, à droite), *qui est un des pivots du débat sur les origines de l'homme. Johanson* (ci-contre) *exhibe un morceau de fémur appartenant à un des membres de la « première famille », un groupe de treize hominidés de l'époque de Lucy, que le savant Becky Sigmon et lui ont découverts en 1975. Pour Johanson, ils appartiennent à une seule et même espèce,* l'Australopithecus afarensis, *ancêtre direct de l'homme.*

complet d'un jeune *Homo erectus* mâle, qui avait vécu environ 1,6 millions d'années auparavant. *Homo erectus*, qui était probablement un descendant d'*Homo habilis* sur la ligne évolutive, a été reconnu, de façon générale, comme l'ancêtre direct de l'homme moderne. Le squelette décrit par Leakey était celui d'un jeune homme qui mourut vers l'âge de 12 ans, «un adolescent bien bâti». Bien qu'il lui manquât le bras et la main gauche, l'avant-bras droit et la plus grande partie des deux pieds, il apporta sur l'anatomie des hommes primitifs des informations que les crânes et les mâchoires exhumés précédemment ne pouvaient pas fournir. Si ce garçon avait vécu jusqu'à l'âge de la maturité, souligna Leakey, «il aurait atteint une taille d'environ 1,80 m. Pour la première fois, la preuve était donc faite que certains de nos lointains ancêtres étaient aussi grands que nous, et non pas plus petits, comme on le croyait généralement».

Hauteur 24 cm

Dès les débuts de l'exploration et de la colonisation de l'Afrique, les Européens ont collecté de nombreux indices sur le passé humain de ce continent. Les premières découvertes ont eu lieu dans le sud. Aux XVIIe et XVIIIe siècles, des explorateurs et des colons, partis du cap de Bonne Espérance, en Afrique du Sud, étaient montés vers le nord, où ils étaient entrés en contact avec différents peuples indigènes, dont les San, qu'ils appelaient Bochimans. Chasseurs-collecteurs de petite taille, les San menaient une vie nomade à travers l'Afrique australe. Les colons les chassèrent des bonnes terres qu'ils occupaient depuis des milliers d'années et les repoussèrent dans les déserts et les savanes. Les Bochimans actuels, au nombre d'environ 60 000, vivent encore pour la plupart dans le désert du Kalahari. Mais leurs ancêtres ont laissé leur témoignage sur les murs des grottes où ils ont autrefois vécu. Les artistes San peignaient essentiellement les troupeaux d'animaux sauvages dont dépendait leur subsistance, élans et autres antilopes, girafes et éléphants. Une scène typique représente une bande d'autruches, dont une qui n'est autre qu'un chasseur déguisé serre contre son ventre un arc et une flèche. Des silhouettes filiformes courent sur les parois des grottes; des femmes récoltent du miel ou forment le cercle autour des feux de camp. A l'arrivée des Européens, les Bochimans se mirent à représenter aussi des navires avec tout leur gréement, ainsi que les soldats britanniques en veste rouge qui les traquaient.

Un autre pan de l'héritage artistique de l'Afrique fut dévoilé en 1897 lorsqu'une expédition punitive organisée pour venger le massacre d'une mission diplomatique traversa la forêt nigérienne en direction du royaume de Bénin. Les troupes mirent à sac le palais du souverain, réduisirent la capitale en cendres et emportèrent, en guise de butin, des défenses d'éléphant sculptées et tout un trésor d'objets d'art en bronze, parmi lesquels des plaques couvertes de reliefs qui commémoraient les principaux événements des différents règnes, et des têtes-portraits

A Djenné, une ville sur la rivière Bani, au Mali, c'est l'heure du nettoyage des tessons de poteries (page de droite). *Ces tessons, ainsi que des outils en fer, des ornements en cuivre et d'autres artefacts, provenaient des ruines toutes proches de Jenne-Jeno, l'«ancienne Djenné», la plus vieille cité africaine subsaharienne connue, fondée vers 250 avant J.-C. Les fouilles que Roderick et Susan McIntosh y dirigèrent en 1977 et 1981 ont révélé qu'à son apogée, entre 700 et 1000 après J.-C., Jenne-Jeno a compté jusqu'à 20 000 habitants entretenus par une économie prospère basée sur le poisson, le riz et des relations commerciales suivies avec le reste de l'Afrique occidentale. Il y a environ 500 ans, les fondeurs du Bénin créèrent d'élégantes sculptures en bronze et en laiton, dont la plupart étaient des têtes-portraits de notables* (ci-dessus). *La cité royale de Méroé au Soudan, enrichie par la production du fer, utilisa sa fortune, il y a plus de 2000 ans, à élever des pyramides* (ci-contre) *sur les tombes de ses rois.*

MIPA

qu'ils soumirent à la datation au carbone 14. Ils apprirent ainsi que Jenne-Jeno avait été occupée dès 250 avant J.-C., ce qui faisait d'elle la plus ancienne cité connue au sud du Sahara.

Jenne-Jeno atteignit son apogée entre 700 et 1000 après J.-C. A en juger par les fondations des maisons étroitement agglutinées et la grande étendue de l'aire d'occupation, les McIntosh estimèrent que la population de la ville et des agglomérations voisines avait pu s'élever à 20 000 personnes. De puits de sondage dispersés, ils tirèrent des poteries, des statues en terre cuite et des creusets à fondre le cuivre et l'or. Une boucle d'oreille en or et des colliers de pierres semi-précieuses leur prouvèrent l'habileté des artisans locaux. Les McIntosch dégagèrent également les vestiges d'une ferronnerie, avec les couteaux, bracelets, hameçons et têtes de lances qu'elle fabriquait. Le sel, ainsi que des matériaux bruts destinés aux artisanats de la pierre et du métal, étaient manifestement importés. En échange, Jenne-Jeno exportait du riz, du poisson séché et d'autres denrées alimentaires qui abondaient dans ces basses terres bien irriguées. L'équipe des McIntosh mit ensuite au jour une maison ronde en briques de boue, flanquée de fours de cuisson, d'amas de détritus et d'urnes funéraires. Selon toute apparence, il s'agissait de la résidence d'une première épouse. Les deux archéologues conjecturèrent que le mari et ses autres épouses étaient installés dans un cercle d'appartements communicants. Des enceintes similaires s'élevaient à proximité. Dans une niche, les fouilleurs trouvèrent les torses de deux statuettes en terre cuite. De telles niches, ornées de statuettes représentant des ancêtres vénérés, occupaient encore la place d'honneur dans les maisons de Djenné au début du XXe siècle.

L'arrivée des marchands arabes, au IXe siècle, renforça la position commerciale dominante de Jenne-Jeno en Afrique occidentale. Ensuite, vers 1400 après J.-C., la cité, inexplicablement abandonnée par ses habitants, tomba en ruines. Peut-être la nouvelle élite musulmane l'avait-elle jugée irrémédiablement

corrompue par les pratiques païennes. En tout cas, tandis que l'ancienne Jenne-Jeno déclinait, la Djenné moderne prit le relais.

Pendant que certains archéologues tentaient d'exhumer le passé de l'Afrique, d'autres commençaient à s'intéresser à une autre région du globe longtemps considérée comme dépourvue de tout intérêt culturel: l'Asie du Sud-Est. Un beau jour de 1966, près du village de Ban Chiang, dans le nord-est de la Thaïlande, Stephen Young, un étudiant américain qui faisait de la recherche sociologique, trébucha sur une racine, à un endroit où la route coupait un tertre, et tomba nez à nez avec une poterie qui émergeait du sol. En jetant un coup d'œil autour de lui, il aperçut dans le talus, des deux côtés de la route, des dizaines d'autres vases d'argile. Persuadé que l'absence de vernis sur les tessons indiquait une grande ancienneté, Young en montra un échantillon à des officiels thaïs, à Bangkok, et à un collectionneur d'antiquités thaï. Dès que la nouvelle se

A Ban Chiang, dans le nord-est de la Thaïlande, un stagiaire (ci-dessus) *arrange des ossements d'enfant dans une sépulture pour les photographier. Les fouilles conjointes de l'université de Pennsylvanie et des Thaïs ont mis au jour des poteries vieilles de 2200 ans, décorées de tourbillons* (à l'extrême gauche)*, et des artefacts en bronze datant peut-être de 2000 ans avant J.-C. D'après un archéologue pennsylvanien, la découverte d'objets en métal d'une telle ancienneté a obligé les savants à «repenser les théories traditionnelles sur le développement de la civilisation dans le Sud-Est asiatique».*

de cités tributaires aussi lointaines que Veracruz, dans les basses terres mexicaines. Une fosse contenait les crânes de 34 enfants, âgés de trois mois à huit ans. Ils avaient été sacrifiés au dieu de la pluie Tlaloc, dont le sanctuaire se dressait sur la plate-forme supérieure du temple, à côté de celui de Huitzilopochtli.

Bien que la conquête espagnole ait annihilé la civilisation aztèque, l'histoire et les traditions aztèques jouent un rôle important dans la culture mexicaine moderne. Au-dessus de l'entrée du Musée national d'Anthropologie de Mexico, une inscription invite les Mexicains à se regarder «dans le miroir de cette splendeur». Aujourd'hui encore, un million de Mexicains parlent le nahuatl, la langue des Aztèques, et certains, bien que chrétiens, rendent également un culte aux dieux anciens. D'après la légende, c'est Huitzilopochtli lui-même qui a ordonné aux Aztèques de bâtir Tenochtitlan là où ils découvriraient un aigle perché sur un cactus et dévorant un serpent. Cet aigle est à présent l'emblème du Mexique. Au Palais National, à deux rues seulement du Templo Mayor, une série de fresques épiques, dues à l'artiste Diego Rivera, évoquent l'histoire du Mexique. Sur un marché grouillant de monde, des nobles se mêlent aux boutiquiers, une prostituée déambule et un dentiste examine la bouche d'un jeune homme. Des scènes de carnage rappellent la conquête espagnole et la période coloniale.

Le Mexique consacre des sommes importantes à la fouille et à la restauration de ses principaux sites — non seulement pour attirer les touristes mais aussi par orgueil national. L'orgueil, toutefois, ne fait pas toujours bon ménage avec l'archéologie. La preuve en a été faite à Grand Zimbabwe, dans l'ex-Rhodésie africaine, qui porte maintenant le nom de Zimbabwe. Dès 1552, l'historien portugais Joao de Barros décrivit «une forteresse construite en pierres d'une taille merveilleuse», qui devait être celle de Grand Zimbabwe, dont les bâtiments s'étalent, en Afrique australe, sur 40 ha de collines et de vallées. Plus vaste

que beaucoup de villages africains, la forteresse est constituée d'une enceinte elliptique en moellons de granit, longue de 253 m et haute de 5 à 10 m selon les endroits, qui enserre un labyrinthe de murs et de passages dominés par la Tour Conique. Splendide exemple de construction en pierres sèches, la tour a 9,5 m de hauteur et plus de 5 m de diamètre. Elle ne peut pas avoir été habitée, car elle est massive. A l'origine, elle était décorée d'une frise. Pour les historiens portugais du XVIe siècle, il était inconcevable que les Africains eussent pu être des architectes accomplis. Ils supposèrent donc que ces ruines avaient fait partie de la région biblique d'Ophir, célèbre pour ses mines d'où Salomon tirait son or. «Le roi Salomon arma une flotte», dit l'Ancien Testament. «Ses vaisseaux allèrent à Ophir et en rapportèrent quatre cent vingt talents d'or, qui furent remis au roi.»

En 1871, le géologue allemand Karl Mauch, visitant les ruines de Grand Zimbabwe, les mit d'emblée au compte des

Pour les colons blancs de l'ex-Rhodésie, il ne faisait aucun doute que les murs de pierre de Grand Zimbabwe (ci-dessus) *ne pouvaient pas avoir été construits par des Africains. En 1902, ils firent appel à des hommes de la tribu des Shonas* (page de gauche) *pour les assister dans la recherche — d'ailleurs vaine — de vestiges sémites. Les chercheurs estiment aujourd'hui que ce sont les ancêtres des Shonas qui ont édifié ces mystérieux bâtiments, dont le plus important date d'environ 1400 après J.-C. Mais les premières fouilles, menées avec une brutale négligence, ont détruit de nombreux indices — constatation particulièrement frustrante pour les savants de la nation africaine qui doit son nom à ces ruines, le Zimbabwe.*

Phéniciens qui avaient ramené l'or d'Ophir. Cecil Rhodes, l'administrateur de la région, pensait de même. En 1891, la British South Africa Company, de concert avec d'autres institutions, invita l'explorateur anglais James Theodore Bent à faire des fouilles dans les ruines. Bent, estimant que Grand Zimbabwe ne pouvait avoir été construit que par un peuple ancien et civilisé, attribua ses bâtiments de pierre à «une race venue d'Arabie». En 1902, la Compagnie nomma le journaliste Richard Hall conservateur de Grand Zimbabwe. Pour Hall, comme pour beaucoup de ses contemporains européens, ces bâtiments monumentaux étaient une preuve de civilisation. De fait, Grand Zimbabwe avait été le centre politique, commercial et religieux d'un royaume dont l'économie était basée sur le commerce de l'or. Mais, au début du XXe siècle, les colons blancs, soucieux de justifier leurs empiètements économiques et politiques, taxèrent les noirs d'arriération. Les Africains n'étaient pas civilisés, décrétèrent-ils. Donc, ils ne pouvaient pas avoir édifié Grand Zimbabwe.

Hall se faisait une idée très personnelle de la protection des ruines dont il avait la charge. Le «travail de conservation actuel et opportun» auquel il se livra, dans le but avoué de débarrasser Grand Zimbabwe des «souvenirs dégradants de l'occupation Kaffir (noire)», eut pour résultat de faire disparaître les dépôts archéologiques. Hall affirmait que Grand Zimbabwe avait été bâtie par des sémites trois ou quatre millénaires auparavant, puis occupée par les Phéniciens, avant d'être habitée à l'époque moderne par des «races bâtardes», descendant des bâtisseurs originels et des Africains locaux. Les opinions de Hall étaient généralement bien acceptées, mais ses fouilles négligentes suscitèrent la fureur des archéologues qui s'intéressaient au passé de l'Afrique. L'équipe de Hall abattit des arbres et mit au rebut des pierres détachées, des tas de décombres et, à certains endroits, jusqu'à 3,5 m de dépôts archéologiques stratifiés. En 1905, la British Association for the Advancement of Science proposa à David Randall-MacIver, un spécialiste de l'Egypte ancienne, de fouiller Grand Zimbabwe. Dès son arrivée sur le

Hauteur 41 cm

A Dazu, dans la province chinoise du Sichuan, un Bouddha géant (page de gauche) *a dormi pendant 750 ans sans que personne trouble sa tranquillité. Autrefois, nombre de sites plus facilement accessibles ont été la proie des pillards mais, à l'heure actuelle, les Chinois s'enorgueillissent de l'efficacité de leurs méthodes de fouilles, qui leur ont déjà livré des trouvailles spectaculaires datant de l'Age du Bronze. Un hanap* (ci-contre) *prouve l'art consommé de la dynastie Shang: contrairement aux Européens qui coulaient le bronze puis le martelaient, les Chinois travaillaient leurs formes décoratives à même le moule, avant de couler le vase d'une seule pièce.*

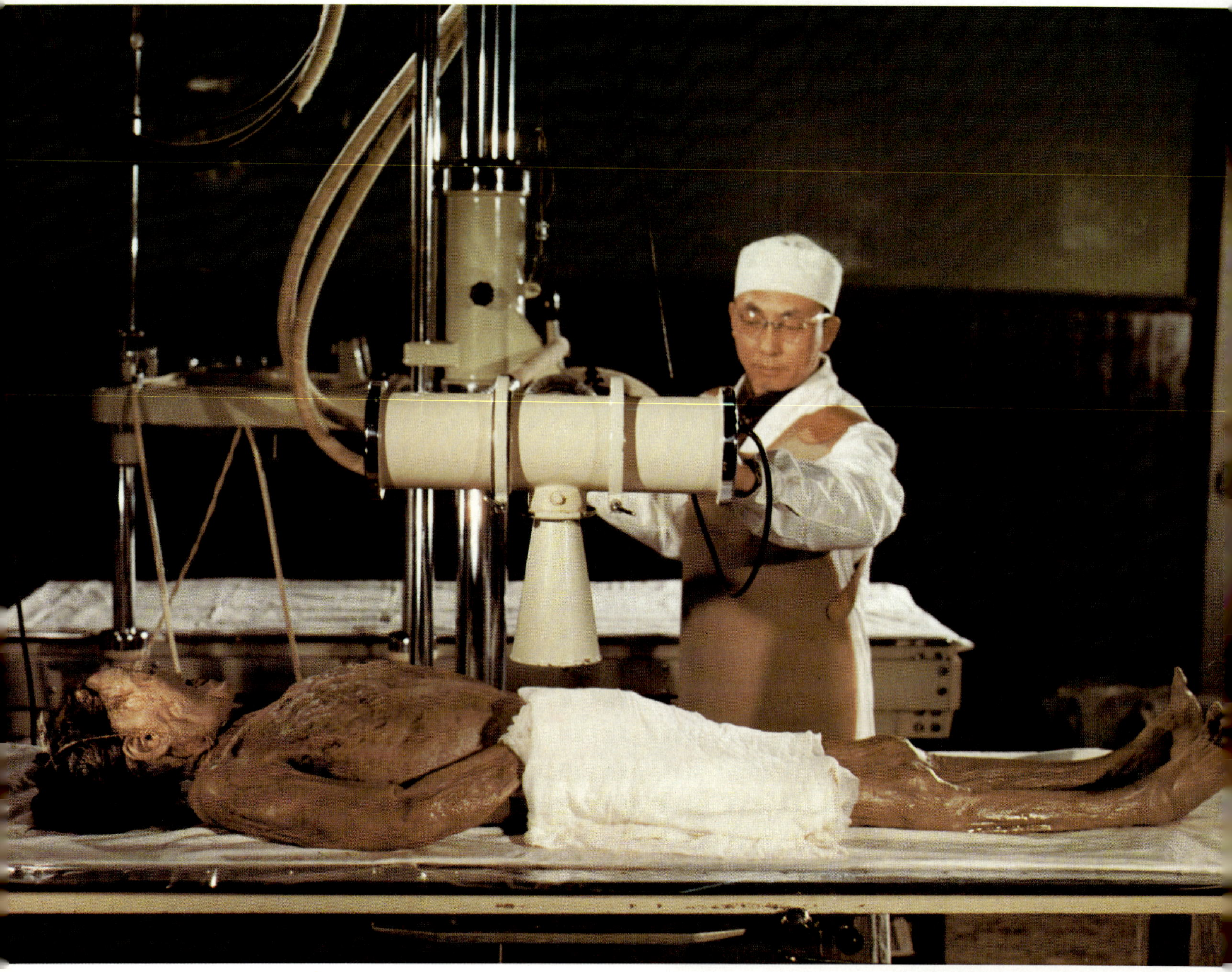

Cause de la mort: une crise cardiaque il y a 2100 ans. Dans le cadre d'une autopsie à retardement, un radiologue chinois (ci-dessus) *passe aux rayons X « Lady Dai », une noble dame de la dynastie Han qui mourut en 141 avant J.-C. Sa tombe a été ouverte en 1972. Soigneusement scellée, elle avait presque parfaitement protégé la dépouille. D'après les médecins qui l'ont examinée, Lady Dai avait environ 50 ans, elle avait eu des enfants, elle souffrait de calculs biliaires et son dos était en mauvais état.*
Deux autres nobles Han de la même époque, le prince Liu Sheng et la princesse Dou Wan, ont tenté de se défendre contre le temps grâce au jade, qui passait pour empêcher la décomposition. Leur deux dépouilles étaient parées de somptueux vêtements funéraires (à droite, *Dou Wan, restaurée*), *faits de centaines de plaques de jade reliées par des fils d'or. Mais ces précautions, fruit d'un travail artisanal de plusieurs années, se sont révélées inutiles: lors de l'exhumation des époux, en 1968, il ne restait d'eux que des dents et de la poussière au milieu d'un fouillis de jade et d'or.*

site, celui-ci put constater les dégâts faits par Hall, dont il dénonça «la maladresse et l'irréflexion».

Randall-MacIver examina les ruines et y récupéra toutes sortes d'artefacts — notamment des anneaux de cuivre utilisés comme bracelets et des poteries. Il jugea que les ruines «étaient essentiellement de construction africaine et qu'elles n'étaient pas d'une très grande ancienneté». En 1929, l'archéologue britannique Gertrude Caton-Thompson aboutit à la même conclusion: Grand Zimbabwe avait été construit par des Africains noirs aux temps médiévaux. Des fouilles ultérieures et la datation au radiocarbone indiquèrent que les Africains avaient érigé les principaux bâtiments en pierre de Grand Zimbabwe aux XIVᵉ et XVᵉ siècles, sur un site occupé pendant l'Age du Fer. Et, en 1980, quand le Zimbabwe accéda à l'indépendance, c'est à ces ruines qu'il emprunta son nom: *zimbabwe* vient de *dzimba woye* (demeures vénérées).

Loin de soumettre l'archéologie à des manipulations brutales, comme l'avaient fait les colons rhodésiens, les Chinois ont su la marier en douceur avec l'intérêt national. A la fin des années vingt et pendant les années trente, des savants, qui se méfiaient des témoignages écrits, commencèrent à chercher dans le sol la vérité sur l'ancienne civilisation chinoise. En 1928, des archéologues de l'Institut universitaire national d'histoire et de philologie entreprirent des fouilles près de la ville d'Anyang, au nord du Fleuve Jaune, dans l'espoir d'y trouver des vestiges de l'époque Shang. Une décennie durant, ils explorèrent les résidences et les tombes royales, qui leur révélèrent l'existence d'une civilisation de fermiers et de travailleurs du bronze, vieille de 3200 ans et dirigée par des rois et des nobles vivant dans des enceintes séparées.

Le roi Shang passait pour servir d'intermédiaire avec les ancêtres; et lui seul pouvait célébrer les rites sacrificiels de leur culte. Lors des funérailles d'un personnage important, il était d'usage de sacrifier des victimes animales et humaines. La preuve en fut fournie par le contenu d'une tombe royale mise au jour à Yi-tu, dans l'est de la Chine, en 1965. Au fond d'un puits de 25 m de profondeur, les fouilleurs découvrirent une chambre funéraire en bois; au-dessous de l'endroit où s'était trouvé le cercueil, une fosse renfermait les ossements d'une victime humaine et d'un chien. Des crânes et des squelettes humains s'entassaient près de l'entrée principale. Au total, 48 personnes et 6 chiens avaient été enterrés dans la tombe, en même temps que des objets de bronze et de jade — ultime tribut au souverain défunt.

«La civilisation chinoise est une des plus anciennes du monde, avec une histoire écrite de plus de 4 000 ans», a écrit Mao Zedong. «Mettez le passé au service du présent.» Convaincus que l'expérience humaine accumulée au fil des siècles peut être utile aux générations futures, les Chinois se préoccupent massivement de la conservation des témoignages culturels anciens. Ceux-ci constituent en effet l'héritage des masses populaires qui ont bâti la nation, et les sauvegarder est l'affaire de tous — employés et militaires, ouvriers, étudiants et communautés locales. En 1968, un détachement de l'armée chinoise découvrit, au sud de Pékin, une immense tombe souterraine, dans laquelle s'entassaient des artefacts en bronze et en fer, des poteries et des jades. Une tombe voisine, qui avait été scellée avec des moellons et du fer coulé, dut être ouverte à

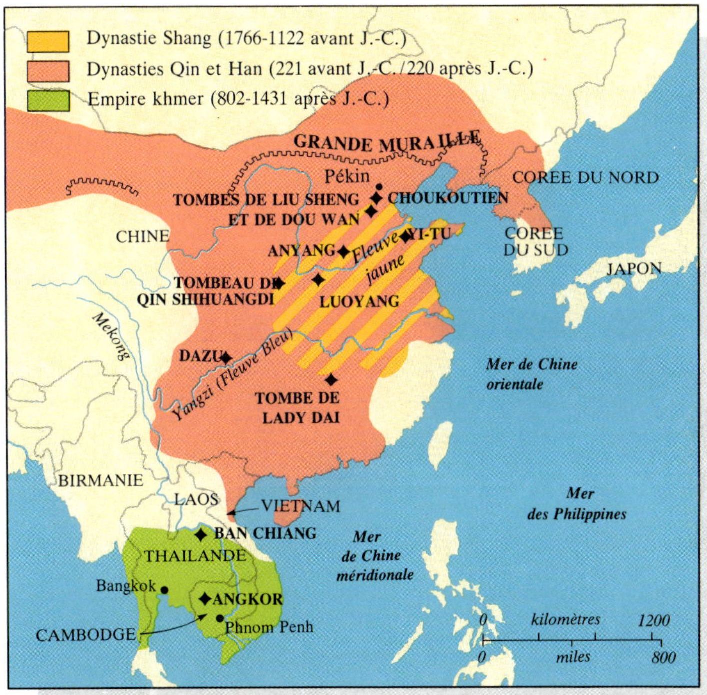

Les archéologues chinois remontent le temps le long d'une piste de tombes (carte). *Des sépultures découvertes à Anyang et ailleurs, ils ont tiré des artefacts à inscriptions prouvant que le dynastie Shang s'est élevée au pouvoir bien avant la chute de Troie. Mais les Shang ne tenaient qu'une partie du pays; un millénaire s'écoula avant que Qin Shihuangdi, le Premier Empereur, n'unifiât la Chine et ne se construisît une immense tombe pour célébrer sa puissance. Il créa aussi la Grande Muraille, que ses successeurs agrandirent. Par son étendue, sa richesse et son raffinement, l'empire Han rivalisait avec sa lointaine contemporaine, Rome.*
Loin vers le sud, en un autre royaume, la cité-temple d'Angkor commença à dominer l'empire khmer d'Indochine vers 900 après J.-C. Les Khmers l'abandonnèrent à la jungle après une attaque thaï en 1431.

de Chicago nettoient, restaurent et copient. Ils prennent des photographies, auxquelles ils ajoutent, à la main, des détails supplémentaires. Un seul relevé leur prend parfois plusieurs semaines.

L'informatique peut être d'une grande aide aux chercheurs, comme ce fut le cas à Karnak, en Haute-Egypte, sur la rive orientale du Nil. Vers 1350 avant J.-C., le pharaon Akhenaton y érigea un temple en l'honneur du dieu soleil Aton. Mais, vingt ans plus tard, le bâtiment fut rasé par un de ses successeurs, qui en tira des matériaux de construction. En 1965, Ray Winfield Smith, un chercheur du Musée de l'université de Pennsylvanie, décida de reconstituer le temple. Avec l'aide de la National Geographic Society, lui et son équipe localisèrent en Egypte, en Europe et aux Etats-Unis des dizaines de milliers de blocs décorés. Ils assignèrent à chacun un numéro, les photographièrent et en notèrent, sur base des photographies, les moindres détails ornementaux. Ils confièrent ensuite le traitement de ces informations à un ordinateur, qui les classa. Depuis lors, quand un chercheur a besoin de tous les blocs sur lesquels figure, par exemple, un pied droit ou un rayon de soleil tombant selon un angle particulier, l'ordinateur lui fournit les numéros d'identification de toutes les photographies correspondantes. Au bout de longues années de travail, l'équipe de Smith avait reconstitué, sur papier, une somptueuse cour à piliers dédiée à la reine Nefertiti, l'épouse d'Akhenaton. Elle faisait partie d'un complexe cultuel d'un km et demi de long, décoré de plus de mille scènes. Il est probable que le temple lui-même ne sera jamais complètement reconstruit — le coût de l'opération serait exorbitant ! — mais, grâce à l'ordinateur, les savants disposent dès maintenant de dessins précis de ce chef-d'œuvre de l'Egypte ancienne.

La gamme des progrès technologiques utiles aux archéologues s'étend bien au-delà de l'informatique. Dans les basses terres tropicales du nord du Guatemala, l'œil perçant d'un radar aérien latéral a révélé des réseaux irréguliers de lignes grises au milieu de vastes étendues de forêts apparemment impénétrables. Ces lignes sont peut-être tout ce qui reste d'anciens systèmes de canaux, qui desservaient autrefois des jardins uliginaires, capables de nourrir des dizaines de milliers de Mayas. Par ailleurs, dans le projet de restauration du Parthénon, un appareil à rayons X particulièrement puissant radiographie le marbre afin de localiser l'armature en fer des colonnes. Le métal est découpé au laser avant d'être extrait du marbre. Les sculptures attaquées par l'anhydride sulfureux présent dans l'air de la capitale grecque ont été resolidifiées au moyen de produits chimiques et placées dans des vitrines, où elles ne « respirent » plus que de l'azote pur.

Grâce aux méthodes modernes, les scientifiques ne doivent plus se contenter d'étudier les vieilles pierres. Les paléopathologistes réhydratent les tissus desséchés prélevés sur les momies — qu'elles soient dues au talent des embaumeurs ou qu'elles se soient formées spontanément dans les climats froids ou secs, ou dans des endroits comme l'Alaska et l'Egypte. En analysant ces tissus, il est possible de déceler les effets de la maladie sur les hommes du passé. En 1985, un biologiste moléculaire suédois, Svante Paabo, a extrait et cloné l'ADN de la momie, vieille de 2 400 ans, d'un enfant égyptien mâle. La même année, des scientifiques drainèrent un petit étang à Titusville, en Floride. Dans la tourbe du fond, ils découvrirent plusieurs crânes humains datant de 7 000 ans et, dans deux d'entre eux, un

cerveau parfaitement conservé. Ayant extrait l'ADN d'un de ces deux cerveaux, ils espèrent, comme Paabo, en apprendre davantage sur les modifications évolutionnaires de la structure génétique.

En archéologie, toutefois, l'expérimentation ne se limite pas à la technologie établie. De « nouveaux archéologues » cherchent à innover dans l'étude des sociétés vivantes, afin de créer sur cette base des modèles décrivant le comportement des peuples du passé. Selon Jeremy Sabloff, de l'université du Nouveau-Mexique, « nous avons désormais dépassé le stade de l'approvisionnement systématique des musées en objets d'art. Pour nous, l'objet n'est plus une fin en soi mais un moyen de comprendre le comportement social et économique des peuples anciens ». Dans les années soixante-dix, Lewis R. Binford, lui aussi de l'université du Nouveau-Mexique, entreprit d'observer en Alaska les Esquimaux Numaniut, une société moderne de chasseurs-collecteurs. Binford les regarda dresser leurs camps

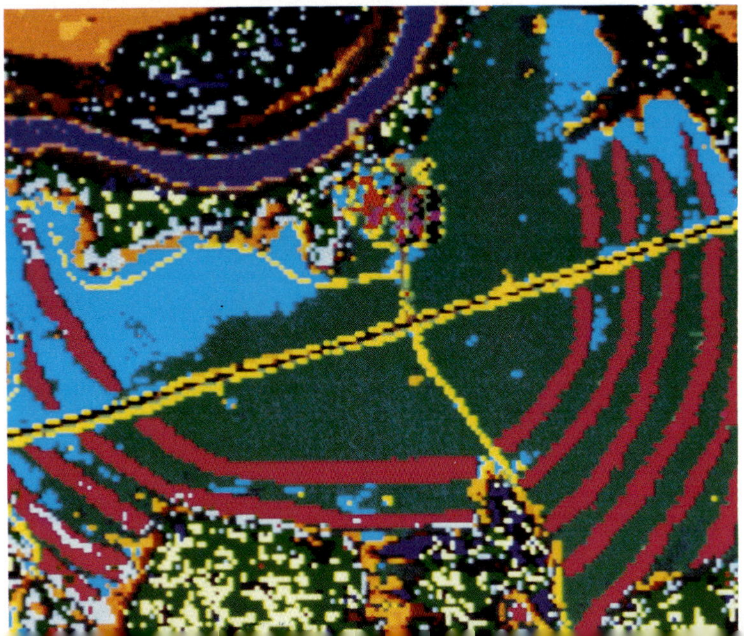

A Copan, au Honduras, des archéologues dressent la carte de ruines mayas avec un fil à plomb et un théodolite (en haut à gauche). *La technologie leur offre également de nouveaux outils. Avant d'ouvrir complètement une tombe maya datant de 1 500 ans, à Rio Azul au Guatemala, les fouilleurs examinent son fragile contenu au moyen d'une petite caméra vidéo* (ci-dessus), *financée par la National Geographic Society. La télédétection combine la lumière visible et l'infrarouge pour former une image aérienne par ordinateur de Poverty Point, en Louisiane* (ci-contre). *Ce vaste site, qui date de 1600 avant J.-C., est le plus ancien de cette taille jamais découvert aux Etats-Unis. Un peuple, qui n'est connu que sous l'appellation de « Culture de Poverty Point », a entouré une place centrale d'ados bas — de 45 à 53 m de large — qui se dessinent en rouge. La tache violette, en haut, est un bayou; les routes asphaltées modernes apparaissent en jaune. A l'extrémité des ados, on aperçoit en bleu clair ce qui pourrait être un remblai préhistorique.*

de chasse et vit comment ils chassaient, tuaient, dépeçaient et mangeaient les animaux. Ces observations l'éclairèrent sur la manière dont les chasseurs-collecteurs d'autrefois établissaient leurs campements et l'aidèrent à analyser les ossements d'animaux trouvés sur ces sites. William Rathje, un archéologue de l'université de l'Arizona, a passé plus d'une décennie à étudier les détritus modernes de Tucson. Deux fois par semaine, les employés de la voirie lui apportent un échantillonnage d'ordures ménagères, qu'il passe au crible avec des étudiants, classant, pesant et enregistrant tout, afin de déterminer statistiquement ce que jettent les ménages: viande, légumes, aliments en boîte et papier. «Les archéologues étudient les détritus anciens pour comprendre les civilisations passées», a expliqué Rathje. «Nous, nous analysons notre propre civilisation à travers nos propres déchets. Ils sont le reflet direct de nos styles de vie.» Cette nouvelle discipline, surnommée «science des ordures», lui a démontré que «ce que les gens disent qu'ils jettent et ce qu'ils jettent effectivement sont deux choses différentes».

Pour se rapprocher des sociétés de l'Age du Fer, des archéologues se sont initiés récemment, en Grande-Bretagne, aux pratiques agricoles et domestiques de cette époque lointaine. En 1972, l'archéologue Peter Reynolds lança un projet visant à reconstituer, à Butser Hill, dans le sud de l'Angleterre,

Sur l'Agora, l'ancienne place publique d'Athènes, des rayons de soleil s'étirent sur les pas des philosophes de l'Antiquité (à droite). *L'American School of Classical Studies, qui a commencé ici ses travaux dès 1931, a reconstruit ce portique à colonnade (ou stoa) à partir de blocaille. L'Ecole a dû raser plusieurs hectares de constructions modernes pour accéder aux ruines — une démarche plutôt inhabituelle dans les zones urbaines, où les archéologues sauveteurs essaient souvent de faire obstacle aux démolisseurs, mais rivalisent rarement avec eux. Ces amphores* (ci-dessus) *figurent parmi les dizaines de milliers d'articles découverts.*

une ferme de l'Age du Fer datant de 300 avant J.-C. Le but de Reynolds était « d'étudier tous les aspects d'une pareille ferme, ses bâtiments et ses activités, ses modes de culture et d'élevage, et de voir non seulement comment chaque aspect fonctionnait séparément mais aussi comment il s'intégrait à l'ensemble ». Reynolds et les chercheurs du Butser Ancient Farm Project Trust construisirent une maison commune ronde, aux parois faites de clayonnages recouverts de torchis — terre grasse argileuse malaxée avec de l'herbe, du foin et des poils d'animaux. Puis, dans le cadre de leur programme d'archéologie expérimentale, ils s'essayèrent à la cuisson du pain et des poteries, travaillèrent des peaux de cerf avec des grattoirs en silex, filèrent la laine, firent fondre du fer dans des fours gangués d'argile et cultivèrent des céréales préhistoriques. Ils s'adonnèrent aussi à l'élevage avec une sélection d'animaux — des vaches, des cochons, des moutons, des poules, une chèvre et un poney — qui ressemblaient aux espèces de l'Age du Fer. Toutes leurs activités étaient basées sur des témoignages archéologiques. Même le sol se prêtait au jeu : il n'avait jamais été traité avec des pesticides, herbicides ou fertilisants artificiels.

L'alimentation des animaux, les effets de l'agriculture sur les terres et d'autres détails de cette expérience inhabituelle ont aidé les archéologues à mieux comprendre les sites de l'Age du Fer. Reynolds a découvert, par exemple, que les quantités de blé obtenues à la ferme dépassaient de loin ses prévisions et que la récolte pouvait être emmagasinée pendant de longues périodes, sans pourrir, dans des greniers souterrains. De telles constatations pourraient entraîner une réévaluation de la production céréalière à l'Age du Fer et donc de l'importance de la population qu'elle était susceptible de nourrir.

L'archéologie d'hier avait pour emblèmes la pioche et la truelle ; celle de demain sera probablement symbolisée par l'ordinateur et d'autres outils de la science. Mais rien ne pourra jamais remplacer le flair d'un archéologue comme Ivor Noël Hume qui, dans les années soixante-dix, entreprit à Wolstenholme Towne, en Virginie, des fouilles partiellement financées par la National Geographic Society. Cet établissement de 30 à 40 personnes faisait partie de la colonie de Martin's Hundred, le

Quelle arme a fait éclater ce crâne (à gauche), *qui émerge de la boue de Wolstenholme Towne, en Virginie? La réponse à cette question, Ivor Noël Hume l'a trouvée dans les témoignages d'un massacre de 1622. Les Indiens ont tout simplement retourné les outils des colons contre eux. Noël Hume* (ci-dessus) *aide ses assistants à soulever un moule en plâtre dans lequel est encastrée une motte de terre contenant une délicate coquille rouillée: le heaume d'une armure.* A droite: *le heaume après restauration en laboratoire.*

Hauteur 30 cm

long de la James River, où 220 colons anglais s'installèrent en 1619. Les citoyens de Wolstenholme Towne avaient construit un fort palissadé pour se protéger contre les Indiens et les Espagnols. Mais, le 22 mars 1622, une attaque indienne rasa le village et la plupart des fermes des alentours. Les colons survivants s'enfuirent pendant que leurs maisons brûlaient et le site fut laissé à l'abandon — véritable capsule temporelle de la vie au début du XVIIe siècle.

L'équipe de Noël Hume se mit au travail en 1976. Cinq années durant, elle se pencha sur les trous de poteaux, les tombes et les fosses de Martin's Hundred. Comme les documents écrits provenant de l'établissement lui-même étaient rares, les chercheurs devaient se référer constamment, pour interpréter leurs trouvailles, à d'autres sources de l'époque, comme les annales judiciaires de Virginie et les livres de la Virginia Company de Londres. Les habitations qu'ils découvrirent étaient délimitées par des séries de trous dans lesquels étaient autrefois fichés des poteaux. A en juger par la disposition de ces trous, la première maison fouillée n'avait été, à l'origine, qu'une simple construction rectangulaire que ses propriétaires avaient progressivement agrandie. Tout près, une sorte de cave soigneusement comblée intrigua les fouilleurs. Mais une description rédigée par le secrétaire de la ville hollandaise de New Amsterdam et publiée en 1650 leur révéla que les fermiers pauvres de Nouvelle-Angleterre et de la colonie hollandaise de Nouvelle-Hollande vivaient dans des maisons-puits, dont les avant-toits reposaient sur le sol. Dès que la situation d'un fermier s'améliorait, il comblait sa maison-puits et se construisait, à proximité, une habitation plus conventionnelle.

La maison de Martin's Hundred semblait avoir été construite de la même manière. Noël Hume, toutefois, ne désirait pas seulement savoir *comment* les maisons étaient construites, mais aussi *qui* les avait construites. Dans le fond de la maison-puits, les fouilleurs trouvèrent un morceau d'or torsadé — le genre de décoration qu'arboraient, au début du XVIIe siècle, les officiers et les hobereaux. Les chercheurs tombèrent ensuite sur une résolution de 1621, qui interdisait à quiconque en Virginie de porter de l'or sur ses vêtements, à l'exception «du Conseil et des chefs de centaines». William Harwood, l'administrateur de Martin's Hundred, avait signé la résolution. Etait-il possible que cette décoration lui eût appartenu? Un autre indice — un boulet de canon exhumé par les fouilleurs — confirma cette supposition. D'après un recensement de 1625, Harwood était le seul, à Martin's Hundred, à posséder une «pièce d'ordonnance». Sans aucun doute, le boulet avait été destiné à ce canon autrefois installé sur le bastion du fort de Wolstenholme Towne. «En règle générale», souligna Noël Hume, «c'est l'histoire qui fournit aux archéologues une raison de fouiller mais, à Martin's Hundred, la situation était inversée». A Wolstenholme Towne, en effet, les archéologues n'étaient pas guidés par une chronologie historique, ils travaillaient sur une capsule temporelle nettement circonscrite. Ils en reconstituèrent l'histoire en s'aidant, pour identifier et interpréter leurs découvertes, de documents de la même période.

Quand il entreprit des fouilles à Ozette, un village côtier abandonné dans le nord-ouest de l'Etat de Washington, Richard Daugherty, un anthropologue de l'université locale, manquait aussi de documents écrits. Mais, pour retracer l'histoire des Indiens Makah, qui habitaient Ozette il y a un siècle, il

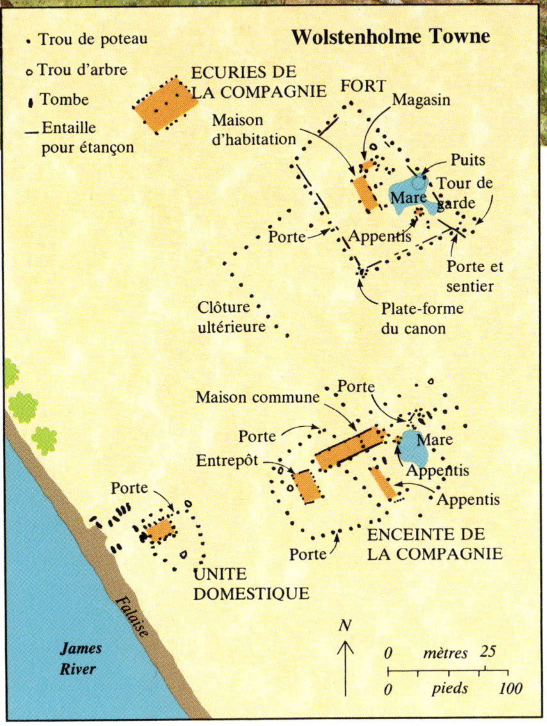

Des trous de poteaux (page de gauche, en bas) *dessinent sur le sol les limites du fort en bois de Wolstenholme Towne. Les potelles du premier plan indiquent l'emplacement d'une tour de garde. En se basant sur ce genre de trouvailles, Noël Hume put ébaucher le plan du plus ancien village anglo-américain jamais fouillé* (à gauche), *recréé ci-dessus par le pinceau d'un artiste. Noël Hume, à Graz, en Autriche, a découvert des heaumes semblables à ceux exhumés en Virginie dans une collection d'armures que les Européens avaient utilisées pour se défendre contre les Ottomans. Les Anglais portaient des armures du même type mais, face à ces spécialistes de la guérilla qu'étaient les Indiens, elles se révélèrent plus encombrantes qu'efficaces. Les chercheurs de Wolstenholme Towne ont même fait leur profit d'un meurtre commis en Angleterre en 1979; le pathologiste chargé du cas put s'assurer que le crâne de Wolstenholme Towne portait les mêmes marques que celui de la victime moderne, assassinée par sa femme avec une bêche de jardin.*

pouvait faire appel à leurs descendants. Vers 1930, parce que le gouvernement fédéral avait décrété que tous les enfants indiens devaient fréquenter un établissement scolaire et qu'il n'y en avait pas à Ozette, les Makah avaient quitté leur village pour se joindre à une communauté voisine. Mais, grâce aux anciens de la tribu, les légendes ancestrales avaient survécu. L'une d'elles évoquait une grande catastrophe — l'ensevelissement du village sous une montagne de boue, longtemps auparavant.

Daugherty était persuadé qu'il y avait de la vérité dans cette légende. En 1970, quand de violentes tempêtes hivernales lancèrent la mer à l'assaut de la vaste plage d'Ozette, ses soupçons se muèrent en certitude. Les vagues emportèrent tout un pan du rivage, laissant à découvert une riche collection d'artefacts — une pagaie de canoë, des hameçons en bois et d'os, des fragments de boîtes ornées d'incrustations, un manche de harpon, un bonnet tissé — qui dataient tous de l'arrivée de Colomb en Amérique. Ils avaient traversé les siècles sous une épaisse couche de boue. Les techniques conventionnelles ne convenaient pas à ces vestiges ligneux et détrempés. Les fouilleurs conçurent donc un système de pompage sophistiqué qui produisait des jets d'eau d'intensités différentes, capables de nettoyer des objets aussi menus que des peignes ou aussi grands que des planches. Les archéologues traitèrent les artefacts avec des produits chimiques pour les empêcher de se dessécher et de se fendre. En outre, ils eurent recours à la lyophilisation pour protéger un bol en bois encore saturé d'huile de phoque.

Les artisans Makah aidèrent Daugherty et ses étudiants à reproduire les ouvrages de vannerie et les sculptures sur bois découverts sur le site. Ils tissèrent une couverture de laine sur un métier semblable à celui qu'ils avaient déterré. Des outils parfaitement conservés leur indiquèrent comment les anciens

Makah fabriquaient leurs harpons. Le Conseil tribal des Makah a construit un musée pour abriter ces vestiges culturels, et les fouilles ont été momentanément suspendues pour que les archéologues puissent travailler sur les quelque 55 000 artefacts déjà récupérés. Les Makah disent: «Nous... considérons de façon spéciale ce qui (a été extrait) de la boue à Ozette, parce que c'est notre héritage».

Grâce à des techniques de fouilles très poussées, de patientes investigations et une utilisation judicieuse de la science et de la technologie, l'archéologie peut aujourd'hui faire des miracles. La plupart du temps, ces miracles ne sortent pas des revues scientifiques. Mais certains archéologues réussissent à tirer d'un rapport de fouilles sec et rébarbatif des reconstitutions précises aux couleurs de la vie. Sous les rues de la ville moderne d'York, dans le nord-est de l'Angleterre, s'étendent les vestiges de Jorvik, une cité viking du Xe siècle après J.-C., qui a pu

Des colons fraîchement débarqués — tous membres de l'équipe du musée, en costumes d'époque — mettent en place (à l'extrême gauche) *les poutres d'un cottage de style 1620, à Plimoth Plantation, dans l'est du Massachusetts. Ils dressent la charpente de la cheminée* (ci-dessus) *et ajoutent un toit de chaume* (au centre). *Les musées d'histoire vivante, de plus en plus nombreux, donnent aux visiteurs un aperçu des styles de vie du passé. Plimoth n'est qu'une réplique de l'établissement original, mais la reconstitution est si soignée que nombre d'étudiants en histoire font le déplacement afin d'approfondir leur sujet.*

VOYAGE A TRAVERS LES AGES

Un calendrier des cultures mondiales

EUROPE

AVANT J.-C.

Vers 13000 avant J.-C.: des artistes de l'Age de la Pierre peignent des animaux sur les parois et le plafond de la grotte de Lascaux.

Vers 8000 avant J.-C.: les chasseurs-collecteurs commencent à construire des abris, à vivre en agglomérations, à enterrer leurs morts.

Vers 5500 avant J.-C.: du sud-est de l'Europe, l'agriculture s'étend vers le nord et vers l'ouest.

Vers 3000 avant J.-C.: les peuples de l'Age de la Pierre commencent à utiliser le cuivre.

Vers 2900 avant J.-C.: des fermiers de l'Age de la Pierre fondent le village de Baigneurs, au bord du lac Paladru, en France.

Vers 2800 avant J.-C.: la construction de Stonehenge commence.

Vers 2000 avant J.-C.: l'Age du Bronze commence en Europe.

Vers 2000 avant J.-C.: en Crète, les Minoens commencent à construire Cnossos, une des premières villes d'Europe.

Vers 1500 avant J.-C.: le volcan de Théra fait éruption.

Vers 3000 avant J.-C.: en Europe, les peuples de l'Age de la Pierre commencent à utiliser le cuivre.

1450-1100 avant J.-C.: les Mycéniens dominent la mer Egée.

Vers 800 avant J.-C.: l'Age du Fer commence.

VIIIe ou IXe siècle avant J.-C.: l'*Iliade* d'Homère raconte le sac de Troie au XIIe siècle.

776 avant J.-C.: les premiers Jeux Olympiques se déroulent en Grèce.

616-509 avant J.-C.: Rome est gouvernée par des rois étrusques.

432 avant J.-C.: achèvement du Parthénon.

300-50 avant J.-C.: les Celtes, qui connaissent le fer, dominent la plus grande partie de l'Europe. Leurs prêtres, appelés druides, formaient une caste privilégiée.

APRES J.-C.

43: près d'un siècle après l'affrontement entre Jules César et les Celtes, Claude ordonne la conquête de l'île de Bretagne.

79: l'éruption du Vésuve anéantit Pompéi et Herculanum.

Ve siècle: les Anglo-Saxons s'établissent en Grande-Bretagne.

476: chute de l'Empire romain.

790-1000: les Vikings colonisent les îles britanniques, l'Europe occidentale, l'Islande et l'Amérique du Nord.

800: le jour de Noël, le pape Léon III couronne Charlemagne empereur des Romains.

1095: Urbain II lance la première Croisade.

1215: la *Magna Carta* jette les bases des droits constitutionnels anglais.

Vers 1300: premières manifestations de la Renaissance.

1337: début de la Guerre de Cent Ans.

Vers 1455: Johannes Gutenberg imprime la Bible.

AFRIQUE

AVANT J.-C.

Vers 5000 avant J.-C.: les agriculteurs de la vallée du Nil commencent à cultiver des céréales.

Vers 3100 avant J.-C.: unification de la Haute et de la Basse Egypte.

Vers 3000 avant J.-C.: l'écriture hiéroglyphique se développe dans la Vallée du Nil.

Vers 2500 avant J.-C.: des rois de l'Ancien Empire construisent les pyramides colossales de Giza.

2200-2000 avant J.-C.: l'Age du Bronze commence dans la vallée du Nil.

1991-1780 avant J.-C.: des pharaons du Moyen Empire exploitent les ressources minières du Sinaï et de Nubie.

1361 avant J.-C.: au cours du Nouvel Empire, Toutankhamon monte sur le trône d'Egypte.

Vers 800 avant J.-C.: les Grecs et les Phéniciens colonisent la côte méditerranéenne.

Vers 500 avant J.-C.: l'Age du Fer commence en Afrique orientale et occidentale.

Vers 450 avant J.-C.: l'historien grec Hérodote parcourt la vallée du Nil et décrit les coutumes égyptiennes.

Vers 400 avant J.-C.: l'agriculture et le travail du fer se développent chez les Bantous d'Afrique occidentale.

335-327 avant J.-C.: Alexandre le Grand conquiert l'Egypte et la Perse, puis envahit la vallée de l'Indus.

Vers 250 avant J.-C.: la cité royale de Méroé, au Soudan, qui doit sa prospérité à la production du fer, emploie ses richesses à construire des pyramides sur les tombes de ses rois.

30 avant J.-C.: après la mort de Cléopâtre, l'Egypte devient une province romaine.

APRES J.-C.

Vers 1: l'Age du Fer commence en Afrique australe.

297: l'empereur romain Dioclétien écrase une insurrection à Alexandrie, en Egypte.

700-1000: Jenne-Jeno, au Mali, devint un des centres commerciaux de l'Afrique occidentale.

Fin du Xe siècle: des marchands venus du golfe Persique fondent des établissements sur la côte orientale de l'Afrique.

XIIe siècle: les artisans d'Ife, en Afrique occidentale, commencent à créer des sculptures naturalistes en bronze et en terre cuite.

1300-1500: Grand Zimbabwe, en Afrique australe, devient un centre politique, commercial et religieux important.

Vers 1400: Tombouctou, en Afrique occidentale, devient un centre commercial et intellectuel prospère.

Vers 1450: les sculpteurs du Bénin, en Afrique occidentale, créent leurs premières têtes-portraits stylisées en bronze.

1488: Bartolomeo Diaz franchit le cap de Bonne-Espérance, à la pointe sud de l'Afrique.

PROCHE-ORIENT

AVANT J.-C.

Vers 8500 avant J.-C.: les chasseurs-collecteurs du Levant récoltent les céréales sauvages et vivent dans des villages permanents.

Vers 8000 avant J.-C.: un établissement fortifié est fondé à Jéricho, en Jordanie.

Vers 8000 avant J.-C.: les habitants des monts du Zagros domestiquent des moutons et des chèvres.

Vers 6500 avant J.-C.: l'agriculture s'étend au Proche-Orient.

Vers 6000 avant J.-C.: les Sumériens construisent, en Mésopotamie, les premières cités connues du monde.

Vers 3000 avant J.-C.: les scribes sumériens mettent au point l'écriture cunéiforme (en forme de coins).

Vers 3000 avant J.-C.: l'Age du Bronze commence au Proche-Orient.

Vers 2400 avant J.-C.: Ebla rivalise avec Ur, la cité la plus puissante et la plus riche de Mésopotamie.

1792-1750avant J.-C.: Hammourabi, chef du premier empire babylonien, promulgue son code de lois.

1300-1190 avant J.-C.: l'Empire hittite contrôle l'Anatolie et le nord de la Syrie.

1200-1000 avant J.-C.: l'Age du Fer commence au Proche-Orient.

883-859 avant J.-C.: Assurnasirpal II conquiert la Mésopotamie et agrandit l'empire assyrien.

605-562 avant J.-C.: sous Nabuchodonosor II, l'empire néo-babylonien prospère dans le Croissant Fertile.

Vers 520 avant J.-C.: Darius Ier fonde la capitale perse de Persépolis.

APRES J.-C.

1-300: Aphrodisias, dans l'ouest de la Turquie, est un sanctuaire romain réputé.

Vers 30: Jésus-Christ est crucifié à Jérusalem.

68: la secte de Qumrân cache les manuscrits de l'Ancien Testament dans des gottes près de la Mer Morte.

70: les Romains détruisent le temple d'Hérode à Jérusalem, lors de la révolte des Juifs contre Rome.

Vers 570: le prophète Mahomet naît à La Mecque.

1054: l'Eglise de Constantinople rompt avec l'Eglise de Rome.

1099: les Croisés prennent Jérusalem d'assaut, après cinq semaines de siège.

Vers 1300: Osman Ier fait la guerre aux Byzantins et fonde l'empire ottoman.

1453: les Turcs Ottomans prennent Constantinople.

XVIe - début XXe siècle: l'Empire ottoman domine le Proche-Orient.

ASIE, AUSTRALIE, OCEANIE

Vers 8000 avant J.-C. : des chasseurs-collecteurs peuplent l'Asie du Sud-Est.

Vers 5000 avant J.-C. : l'Age du Cuivre commence en Chine.

3000-2500 avant J.-C. : l'Age du Bronze commence en Asie.

Vers 2500 avant J.-C. : les Harappéens construisent dans la vallée de l'Indus des cités sophistiquées, aux plans très complexes.

Vers 2000 avant J.-C. : les villageois de Ban Chiang, en Thaïlande, commencent à travailler le bronze et à cultiver le riz.

Vers 1300 avant J.-C. : la dynastie Shang établit sa capitale à Anyang, en Chine.

1000-800 avant J.-C. : l'Age du Fer commence en Inde.

Vers 600 avant J.-C. : l'Age du Fer commence en Chine.

528-483 avant J.-C. : la doctrine du Bouddha se répand dans la région du Gange.

Vers 500 avant J.-C. : en Chine, Confucius enseigne une doctrine de l'harmonie basée sur la piété filiale.

221-210 avant J.-C. : Qin Shihuangdi unifie les Etats chinois et construit l'empire et la Grande Muraille.

206 avant J.-C./221 après J.-C. : la dynastie Han consolide et étend son empire en Chine.

Vers 100 : des pèlerins et des marchands introduisent le bouddhisme en Chine et dans le nord de l'Asie par la Route de la Soie.

Vers 400 : de grandes migrations de tribus entraînent des déplacements de populations dans une grande partie de l'Eurasie.

Vers 800 : le peuplement de la Polynésie atteint son point culminant avec la colonisation de la Nouvelle-Zélande.

845 : la Chine proscrit les religions étrangères.

Vers 900-1451 : la cité-temple d'Angkor, capitale de l'empire khmer, domine l'Asie du Sud-Est.

Vers 1040 : les Chinois utilisent, pour imprimer les livres, des caractères mobiles en argile durcie.

1100-1200 : les habitants de l'île de Pâques érigent, sur des plates-formes de cérémonie, des statues de pierre géantes.

1211-1227 : Genghis Khan envahit la Chine et édifie un vaste empire dans le nord de l'Asie.

1271-1295 : la famille Polo voyage à travers l'Asie jusqu'en Chine, puis revient à Venise.

1279 : Kubilaï Khan achève la conquête de la Chine et monte sur le trône de Chine.

1368 : les Chinois chassent les Mongols et fondent la dynastie Ming.

1498 : Vasco de Gama atteint les Indes.

1521 : Ferdinand Magellan traverse le Pacifique.

AMERIQUE DU NORD

Vers 8000 avant J.-C. : la chasse au gros gibier décline avec l'apparition d'un climat plus chaud et plus sec.

Vers 6000 avant J.-C. : les chasseurs de l'Arctique sillonnent les îles Aléoutiennes et le nord-ouest du Pacifique.

Vers 3000 avant J.-C. : les prédécesseurs des Esquimaux s'adaptent au climat de l'Alaska occidental.

Vers 3000 avant J.-C. : les peuples de la région des Grands Lacs martèlent le cuivre natif pour en faire des outils.

Vers 2000 avant J.-C. : les premières poteries connues d'Amérique du Nord sont produites sur les côtes de l'Atlantique sud et du Golfe.

Vers 1600 avant J.-C. : à Poverty Point, dans la vallée du Mississippi inférieur, des artisans et des marchands élèvent de vastes ouvrages en terre géométriques.

1000-300 avant J.-C. : le peuple d'Adena, dans la vallée de l'Ohio, édifie des tertres sur les tombes de ses chefs et crée le premier art religieux de l'Est.

400 avant J.-C.-500 après J.-C. : les Indiens Hopewell enterrent leurs dignitaires dans d'immenses mounds de terre éparpillés tout au long de la vallée de l'Ohio.

Vers 200 avant J.-C. : des fermiers et des potiers fondent de petits établissements dans les montagnes et les déserts du sud-ouest.

700-1700 : les Mound Builders font de l'agriculture et du commerce et élèvent des tertres à sommet plat dans la vallée du Mississippi.

900-1300 : les Anasazis construisent, dans le sud-ouest, d'immenses pueblos à logements multiples.

Vers 1000 : les Esquimaux de Thulé, ancêtres des Inuit, s'installent au Groenland.

Vers 1000 : les Vikings établissent des villages provisoires sur la côte nord de l'Amérique du Nord.

Vers 1200 : les Anasazis abandonnent leurs habitations de la région du Chaco Canyon, dans le sud-ouest.

1492 : Colomb atteint le Nouveau Monde.

XVe siècle - début XXe siècle : à Ozette, dans le nord-ouest du Pacifique, les Indiens Makah pêchent et chassent la baleine.

1539-1542 : l'Espagnol Hernando de Soto explore certaines parties de la vallée du Mississippi.

1540 : l'Espagnol Francisco Vasquez de Coronado découvre les pueblos zunis du sud-ouest.

Vers 1585 : le colon anglais John White réalise des peintures précises des Indiens.

1607 : des Anglais fondent Jamestown, en Virginie.

1619 : des colons anglais s'installent à Wolstenholme Towne, en Virginie.

1699 : Williamsburg devient la deuxième capitale de la Virginie coloniale.

AMERIQUE LATINE

AVANT J.-C.

Vers 9000 avant J.-C. : à la pointe sud de l'Amérique du Sud, des chasseurs massacrent paresseux, guanacos et chevaux.

Vers 6000 avant J.-C. : premiers indices d'une agriculture — céréales, fèves, courges, pommes de terre — en Amérique du Sud.

Vers 5000 avant J.-C. : des chasseurs-collecteurs commencent à cultiver des végétaux dans la vallée de Tehuacan, au Mexique.

3500-2000 avant J.-C. : l'agriculture s'étend à une grande partie du Mexique et de l'Amérique centrale.

Vers 3000 avant J.-C. : les premières poteries connues de l'hémisphère occidental sont produites dans des établissements le long des côtes du Pacifique et de la mer des Antilles.

1200-400 avant J.-C. : les Olmèques développent la première civilisation connue du Mexique.

Vers 1000 avant J.-C. : la région entre l'Amérique du Sud et le Mexique apparaît comme un carrefour culturel.

Vers 600 avant J.-C. : les Zapotèques construisent un centre cérémoniel à Monte Alban, sur une hauteur au sommet aplati.

Vers 500 avant J.-C. : les tisserands de Paracas, une péninsule de la côte sud du Pérou, confectionnent des vêtements funéraires raffinés.

APRES J.-C.

Vers 100 : Teotihuacan, dans la vallée de Mexico, s'affirme comme la première ville du Nouveau Monde.

250-900 : la civilisation maya des basses terres s'épanouit dans une grande partie du Mexique et de l'Amérique centrale.

Vers 700 : les Mixtèques envahissent la vallée de l'Oaxaca, occupée par les Zapotèques, et transforment Monte Alban en une vaste nécropole.

Vers 900 : les Toltèques établissent leur capitale à Tula, dans les hautes terres du centre du Mexique.

Vers 900 : Chanchan s'impose en tant que capitale du royaume de Chimu, sur la côte nord du Pérou.

Vers 1200 : les Incas fondent leur capitale, Cuzco, dans une haute vallée du sud du Pérou.

1325 : les Aztèques établissent leur capitale, Tenochtitlan, dans la vallée de Mexico.

1428-1521 : Les Aztèques dominent une grande partie du Mexique.

1492 : Colomb atteint le Nouveau Monde.

1519 et après : les conquistadors et les missionnaires espagnols ouvrent les Amériques au reste du monde et menacent les cultures locales.

1521 : au Mexique, chute de l'empire aztèque.

1532 : en Amérique du Sud, chute de l'empire inca.

1537 : le prince Manco Inca, fuyant les Espagnols, gagne Vilcabamba, le dernier refuge inca.

AVENTURIERS ET ARCHEOLOGUES

Trois siècles de découvertes

1700 · 1850 · 1900 · 1950 · 1985

EUROPE

1719-1725: William Stukeley mesure Avebury et Stonehenge, en Angleterre.

1801-1804: Lors Elgin dirige le déménagement des sculptures du Parthénon, à Athènes.

1837: en France, dans la vallée de la Somme, Jacques Boucher de Perthes trouve pour la première fois des bifaces mêlés à des restes d'animaux appartenant à des espèces éteintes.

1840-1880: au Danemark, Jens Jacob Worsaae applique le Système des Trois Ages sur le terrain.

1857: en Allemagne, près de Néanderthal, des ouvriers mettent au jour un crâne et des ossements d'apparence humaine.

Années 60: Giuseppe Fiorelli prend des moulages en plâtre des victimes de l'éruption de Pompéi, en Italie.

1863-1868: Edouard Lartet et Henry Christy exhument, en France, des artefacts de l'Age de la Pierre.

1875-1900: le général A.H. Pitt Rivers effectue des fouilles systématiques dans le sud de l'Angleterre.

1876: Heinrich et Sophia Schliemann découvrent les tombes pleines d'or de Mycènes, en Grèce.

1879: à Altamira, en Espagne, Marcelino Sanz de Sautuola identifie des peintures rupestres de l'Age de la Pierre.

1900: Arthur Evans annonce sa découverte du palais du roi Minos, à Cnossos, en Crète.

1934-1937: sur le site préhistorique de Maiden Castle, en Angleterre, Mortimer Wheeler perfectionne le système du quadrillage topographique.

1939: à Sutton Hoo, en Angleterre, Charles Phillips exhume un navire funéraire anglo-saxon.

1940: près de Montignac, en France, quatre adolescents découvrent les peintures rupestres de Lascaux, vieilles de 15 000 ans.

1950: le corps de l'homme de Tollund, mort 2200 ans auparavant, est retiré de la tourbière de Tollund, au Danemark.

Années 50: Carlo Lerici fait appel à la technologie moderne pour examiner des tombes étrusques en Italie.

1956: Anders Franzen repère, dans le port de Stockholm, l'épave d'un navire de guerre suédois du XVIIe siècle, le *Vasa*.

1967-1974: Spyridon Marinatos fouille la cité ensevelie d'Akrotiri, sur l'île égéenne de Théra.

1972: Peter Reynolds entreprend la reconstitution d'une ferme de l'Age du Fer, à Buster Hill, en Angleterre.

Années 80: Sara Bisel étudie les premiers restes humains de l'époque romaine, à Herculanum, en Italie.

1981-1984: à York, en Angleterre, le York Archeological Trust recrée un établissement viking.

1982: Margaret Rule renfloue le navire-amiral d'Henry VIII, le *Mary Rose*, qui avait coulé au large de Portsmouth, en Angleterre.

AFRIQUE

1799: les troupes de Napoléon Bonaparte découvrent la Pierre de Rosette, dans le Delta du Nil.

1816-1819: Giovanni Belzoni pille des temples et des tombes de l'Egypte ancienne, le long du Nil.

1822: Jean-François Champollion déchiffre la Pierre de Rosette. Plus tard (1828), il fera un voyage en Egypte pour lire les inscriptions des temples.

1842-1845: Karl Lepsius récolte en Egypte, pour le roi de Prusse, des milliers d'artefacts égyptiens.

1858-1881: Auguste Mariette effectue des fouilles à grande échelle pour le compte du gouvernement égyptien.

1874: Amelia Edwards fait un «lifting» à la statue de Ramsès II, à Abou Simbel, en Egypte.

1881: Emile Brugsch, l'assistant de Gaston Maspero, exhume plus de 40 momies royales à Deir el-Bahari, en Egypte.

1894-1942: W.M. Flinders Petrie se livre aux plus vastes recherches jamais réalisées sur l'Egypte avant le règne des pharaons.

1897: une expédition punitive britannique ramène du Bénin, au Nigéria, des trésors en ivoire et en bronze.

1922: en Egypte, dans la Vallée des Rois, Howard Carter et Lord Carnarvon découvrent la tombe et les trésors de Toutankhamon.

1924: Raymond Dart défend la qualité d'hominidé de l'enfant de Taung, un australopithécidé dont le crâne a été découvert près de Taung, en Afrique du Sud.

1929: Gertrude Caton-Thompson conclut que Grand Zimbabwe, dans le sud de la Rhodésie, a été construit au moyen âge par des Africains noirs.

Années 50-60: sur le site d'Ife, au Nigéria, Frank Willett récupère des sculptures en argile et en bronze.

1959: dans la gorge d'Olduvai, Mary Leakey trouve un crâne brisé d'*Australopithecus boisei*.

1963-1968: les temples du pharaon Ramsès II, à Abou Simbel en Egypte, sont sauvés par un projet de l'UNESCO.

1964: la découverte d'*Homo habilis*, faite par Louis Leakey dans la gorge d'Olduvai, en Tanzanie, double l'ancienneté connue de l'humanité, qui passe à 1 750 000 ans.

1974-1975: Donald Johanson exhume un hominidé vieux de trois millions d'années (qu'il baptise Lucy) et la «première famille», à Hadar en Ethiopie.

1978: à Laetoli, en Tanzanie, Mary Leakey met au jour des empreintes de pas d'hominidés datant de 3,6 millions d'années.

1984: Kamoya Kimeu, un membre de l'équipe de Richard Leakey, découvre, au lac Turkana au Kenya, un squelette presque complet d'*Homo erectus*.

PROCHE-ORIENT

1820-1821: Claudius Rich cherche Ninive à Kouyoundjik, mais il meurt avant d'avoir pu y faire des fouilles.

1835-1847: Henry Rawlinson copie les inscriptions trilingues du rocher de Behistoun, en Perse.

1843: Paul-Emile Botta met au jour un palais assyrien, à Khorsabad en Mésopotamie.

1845-1850: dans sa quête de la capitale assyrienne de Ninive, Austen Henry Layard fouille Nimrud et Kouyoundjik en Mésopotamie.

1871-1882: Heinrich et Sophia Schliemann recherches les vestiges de Troie à Hissarlik, en Turquie.

1872: à Ninive, en Mésopotamie, George Smith récupère le fragment manquant de la Tablette du Déluge.

1877: Ernest de Sarzec découvre des archives de tablettes cunéiformes, à Tello en Mésopotamie.

1878: Alexander Conze et Karl Humann au travail sur la citadelle de Pergame, en Turquie.

1888: J. Peters et H. Hilprecht entreprennent des fouilles à Nippur, une cité sumérienne de Mésopotamie.

1899-1917: Robert Koldewey révèle au monde la capitale de Nabuchodonosor II en Mésopotamie, Babylone.

1906: Hugo Winckler commence la fouille de l'ancienne capitale hittite de Boghazkoÿ, en Turquie.

1912-1914: Leonard Woolley et T.E. Lawrence font des sondages à Karkémish, une ville hittite de Syrie.

Années 20: Leonard Woolley révèle les détails de 16 suicides collectifs au cimetière royal d'Ur, en Iraq.

1947: à Qumrân, en Jordanie, un jeune Bédouin découvre quelques-uns des manuscrits de la Mer Morte.

Années 50: Robert et Linda Braidwood apprennent que l'agriculture était pratiquée à Jarmo, en Iraq, dès 6750 avant J.-C.

1952: Max Mallowan récupère des plaques et des ornements assyriens en ivoire, à Nimrud en Iraq.

1952-1958: à Jéricho en Jordanie, la plus ancienne cité fortifiée connue, Kathleen Kenyon trouve la preuve d'une pratique de l'agriculture dès 8000 avant J.-C.

1961-années 80: Kenan Erim exhume et restaure des statues romaines à Aphrodisias, en Turquie.

1964-années 80: Paolo Matthiae découvre la cité-Etat d'Ebla en Syrie, une civilisation jusqu'alors inconnue du troisième millénaire avant J.-C.

1969: Michael Katzev renfloue un navire grec du quatrième siècle avant J.-C., naufragé au large de Kyrenia, à Chypre.

Années 80: George Bass étudie une épave de l'Age du Bronze, à Ulu Burun, en Turquie.

ASIE, AUSTRALIE, OCEANIE

1891-1892: Eugène Dubois trouve un fragment de crâne et un fémur d'apparence humaine, connus aujourd'hui comme les restes de Java *(Homo erectus)*, près de Trinil, dans l'île de Java.

Années 20: John Marshall fait des fouilles à Mohenjo Daro et à Harappa, en Inde, et en conclut que la civilisation harappéenne était pacifique.

1928: des archéologues chinois découvrent, près d'Anyang, des preuves de l'existence, il y a 3200 ans, d'une civilisation Shang de fermiers et de travailleurs du bronze.

1929: W.C. Pei découvre dans la grotte de Choukoutien, en Chine, le crâne presque complet de «l'homme de Pékin» *(Homo erectus)*.

Années 30: des archéologues arrachent à la jungle la cité-temple d'Angkor, au Cambodge, capitale de l'empire khmer.

Années 40: les fouilles de Mortimer Wheeler à Mohenjo Daro et à Harappa, en Inde, mettent en évidence les plus anciens exemples connus de plans de ville.

1965: à Yi-tu, en Chine, l'examen de la tombe d'un souverain Shang révèle que les funérailles d'un roi ou d'un seigneur local étaient accompagnées de sacrifices humains.

1968: un détachement de l'armée chinoise découvre les tombes d'un prince Han, Lieu Sheng, et de son épouse, la princesse Dou Wan, datant du deuxième siècle avant J.-C.

1972: des archéologues chinois ouvrent le tombeau de «Lady Dai», une noble dame de la dynastie Han, qui mourrut en 141 avant J.-C.

1974: l'armée d'argile de Qin Shihuangdi, qui fut le premier empereur de Chine il y a 2200 ans, est découverte à l'occasion du forage d'un puits.

1974-1975: en explorant un village de l'Age du Bronze, à Ban Chiang en Thaïlande, Chester Gorman récupère des artefacts en bronze vieux de 4000 ans.

1977: au large des côtes australiennes, des plongeurs repèrent l'épave de la frégate du XVIIIe siècle *Pandora*.

AMERIQUE DU NORD

Vers 1780: Thomas Jefferson fouille un tertre funéraire près de Charlottesville, en Virginie.

Années 1810: Caleb Atwater arpente des dizaines de mounds indiens dans la vallée de l'Ohio.

1845-1847: Ephraim Squier et Edwin Davis ouvrent plus de 200 mounds indiens préhistoriques en Ohio et dans les Etats voisins.

1879-1884: Frank Cushing partage la vie des Indiens Zunis, à Pueblo Zuni, au Nouveau Mexique.

1880: Adolph Bandelier prend note de récits tribaux sur Pueblo Pecos, au Nouveau Mexique.

1888: Richard Wetherill est le premier à explorer les habitations des falaises des Anasazis, à Mesa Verde, au Colorado.

Années 1890: les fouilles de Jamestown, en Virginie, ouvrent la voie à l'archéologie historique.

1906-1961: John Harrington étudie les coutumes des Amérindiens en voie de disparition.

1911: Ishi, le dernier des Indiens Yanas, fait irruption dans le monde du XXe siècle.

1915-1928: Alfred Kidder a recours à la stratigraphie pour reconstituer la préhistoire du sud-ouest.

1926: John D. Rockefeller Jr accepte de financer la restauration de Williamsburg, en Virginie.

1927: la découverte de la pointe de Folsom, près de Folsom au Nouveau Mexique, prouve que des chasseurs ont habité le Nouveau Monde il y a au moins 10 000 ans.

1935: Andrew Douglass fait remonter la dendrochronologie du sud-ouest jusqu'à 11 après J.-C.

Années 40: Willard Libby développe la datation par le carbone 14 pour calculer l'âge des substances organiques.

1959: Edwin Link retrace le plan des rues englouties de Port Royal, à la Jamaïque, avec un écho-sondeur.

Années 70: Lewis Binford étudie des chasseurs-collecteurs modernes, les Esquimaux Nunamiut d'Alaska.

Années 70: Richard Daugherty reconstitue l'histoire des Indiens Makah à Ozette, Washington.

1973 - années 80: William Rathje étudie les détritus modernes de Tucson, en Arizona.

1976-1980: Ivor Noël Hume explore Wolstenholme Towne, en Virginie, le plus ancien village anglo-américain jamais fouillé.

Années 80: Don Hamilton récupère des artefacts du XVIIe siècle dans la cité engloutie de Port Royal, à la Jamaïque.

1982: Daniel Nelson utilise un sous-marin robot équipé de caméras et de projecteurs pour examiner deux schooners de la U.S. Navy naufragés dans le lac Ontario.

AMERIQUE LATINE

1787: Antonio del Rio réalise la première étude exhaustive des ruines mayas de Palenque, au Mexique.

1805-1807: Guillermo Dupaix étudie les sites mayas du Mexique pour le compte du roi d'Espagne.

1839-1841: John Lloyd Stephens et Frederick Catherwood décrivent et dessinent les ruines mayas du Mexique et d'Amérique centrale.

1857-1861 1880-1886: Désiré Charnay photographie Chichen Itza et d'autres sites mayas du Mexique avec un appareil photographique primitif.

1881-1894: Alfred Maudslay dirige la première étude sérieuse des ruines mayas du Mexique et d'Amérique centrale.

1893: John Owens réalise des moulages en papier mâché du grand escalier aux hiéroglyphes de Copan, une ancienne cité maya du Honduras.

1904-1911: Edward Thompson tire du Cénote Sacré de Chichen Itza, au Mexique, près de 30 000 offrandes sacrificielles mayas.

1905-1910: en tentant de dégager la Pyramide du Soleil, à Teotihuacan au Mexique, Leopoldo Batres la mutile.

1911: Hiram Bingham fait son premier voyage à Machu Picchu, la cité inca des Andes péruviennes.

1924-1940: Sylvanus Morley fouille et reconstruit la cité maya de Chichen Itza, au Mexique.

1932: Alfonso Caso découvre les trésors mixtèques de Monte Alban, dans la vallée de l'Oaxaca, au Mexique.

1940-1946: Matthew Stirling exhume, dans le sud du Mexique, des autels et des têtes en pierre olmèques.

1946: Giles Healey contemple pour la première fois les fresques mayas de Bonampak, au Mexique.

1952: à l'intérieur du Temple des Inscriptions, à Palenque, au Mexique, Alberto Ruz Lhuillier découvre la tombe d'un dirigeant maya.

1956: le Projet Tikal, une étude progressive d'un vaste site maya, commence au Guatemala.

1960: Richard MacNeish découvre les plus anciennes céréales cultivées à Tehuacan, au Mexique.

1962: René Millon commence à dresser la carte de la plus ancienne cité d'Amérique — Teotihuacan dans la vallée de Mexico.

1969-1973: M. Moseley et C. Mackey étudient Chanchan, la capitale du royaume de Chimu, au Pérou.

1978-1982: Eduardo Matos Moctezuma fouille le Templo Mayor de Mexico, le plus important des temples-pyramides aztèques.

1984: des archéologues repèrent une tombe maya intacte à Rio Azul, au Guatemala.

1700

1850

1900

1950

1985

Bibliographie

Albright, W.F., *L'archéologie de la Palestine,* Paris, Le Cerf, 1955
Alcina-Franch, J., *L'Amérique précolombienne,* Paris, Mazenod
Alimen, H., *Atlas de Préhistoire,* Paris, Boubée, 1965
Alkim, B., *Anatolie I,* Coll. Archaeologia Mundi, Genève-Paris, Nagel, 1968
Amiet, P., *Elam,* Auvers-sur-Oise, Archée, 1966
Amiet, P., *L'art antique du Proche-Orient,* Paris, Mazenod, 1977
L'archéologie subaquatique, une discipline naissante, UNESCO, Paris, 1973
Aurenche, O., *La Maison orientale : l'architecture du Proche-Orient ancien des origines au milieu du IVe millénaire,* Paris, Librairie orientaliste Paul Geuthner, Bibliothèque archéologique et historique, n° 109, 1981
Balty, J.C., *Guide d'Apamée,* Bruxelles, Centre belge de recherches archéologiques à Apamée de Syrie, 1981
Baudez, C., *Amérique Centrale,* Coll. Archeologia Mundi, Genève-Paris, Nagel, 1970
Barguet, P., *Les Textes des Sarcophages égyptiens du Moyen Empire,* Paris, 1986
Belzoni, G., *Voyages en Egypte et en Nubie,* Paris, Pygmalion, 1979
Bianchi-Bandinelli, R. et Giuliano, A., *Les Etrusques et l'Italie avant Rome,* Coll. L'Univers des Formes, Paris, Gallimard, 1973
Bierbrier, M., *Les bâtisseurs de pharaon, La confrérie de Deir-el-Medineh,* Paris, 1986
Bloch, R. et Hus, A., *Les conquêtes de l'archéologie,* Paris, Hachette, 1968
Bordes, F., *Le Paléolithique dans le monde,* Hachette, 1968
Bosch-Gimpera, P., *L'Amérique avant C. Colomb,* Paris, Payot, 1967
Bouärd, M. de, *Manuel d'archéologie médiévale,* Paris, SEDES, 1975
Breuil, H., *Quatre cents siècles d'art pariétal,* Montignac, 1952
Brézillon, M., *Dictionnaire de la Préhistoire,* Paris, Larousse, 1969
Brion, M., *La résurrection des villes mortes,* 2 vol., Paris, Payot, 1968
Des Burgondes à Bayard : mille ans de Moyen Age, Recherches archéologiques et historiques, Grenoble, Centre d'archéologie historique des musées de Grenoble et de l'Isère, 1981
Capart, J., *Toutankhamon,* Bruxelles, Vromant, 1904
Capart, J. et Werbrouck, M., *Memphis. A l'ombre des Pyramides,* Bruxelles, 1930
Carandini, A. et Settis, S., *Esclaves et maîtres en Etrurie romaine, les fouilles de la villa de Settefinestre,* Paris, Ed. du CDSH, 1981
Carter, H., *La fabuleuse découverte de la tombe de Toutankhamon,* Paris, Pygmalion, 1978 et Verviers, Marabout, 1980
Casal, J., *La Civilisation de l'Indus et ses Enigmes,* Paris, Fayard, 1969
Cauvin, J., *Les Premiers Villages de Syrie Palestine du IX^r au VIIe millénaire avant J.-C.,* Lyon, Maison de l'Orient, 1978
Cauvin, J. et Sanlaville, P., *Préhistoire du Levant,* colloque international du CNRS, n° 598, Lyon, 10-14 juin 1980, Paris, CNRS, 1981
Cenival, J.-L. de, *L'Egypte avant les pyramides,* Paris, Réunion des Musées nationaux, 1973
Ceram, C.W., *Des dieux, des tombeaux, des savants,* Paris, Plon, 1952
Champollion, J.F., *Monuments de l'Egypte et de la Nubie,* Paris, Firmin Didot, 1835-1845
Chapelot, J. et Fossier, R., *Le village et la maison au Moyen Age,* Paris, Hachette, 1980
Charles-Picard, G., sous la direction de, *L'archéologie, découverte des civilisations disparues,* Paris, Larousse, 1969
Charrière, G., *L'Art barbare scythe,* Paris, Cercle d'art, 1971
Chevalier, R., *L'avion à la découverte du passé,* Paris, Fayard, 1964
Christophe, L.A., *Abou-Simbel et l'épopée de sa découverte,* Bruxelles, P.F. Merckx, 1965
Coarelli, F. (sous la direction de), *Les cités étrusques,* Bruxelles, Elsevier Séquoia, 1975
Conteneau, G., *La civilisation des Hittites et des Mittaniens,* Paris, Payot, 1934
Conteneau, G., *La civilisation phénicienne,* Paris, Payot, 1949
Conteneau, G., *Les civilisations anciennes du Proche-Orient,* Coll. Que sais-je ?, Paris, PUF, 1963
Cortès, H., *La conquête du Mexique,* Paris, Maspero, 1982
Cottrell, L. (sous la direction de), *Dictionnaire encyclopédique d'archéologie,* Paris, Société d'édition de dictionnaires et encyclopédies, 1962
Courbin, P., *Qu'est-ce que l'archéologie ?,* Paris, Payot, 1982
Creel, H.G., *La naissance de la Chine,* Paris, Payot, s.d.
Dassié, J., *Manuel d'archéologie aérienne,* Paris, Technip, 1978
Daumas, M., *L'Archéologie industrielle en France,* Paris, Laffont, 1981
Daux, G., *Les étapes de l'archéologie,* Paris, PUF, 1948
Deshayes, J., *Les Civilisations de l'Orient ancien,* Paris, Arthaud, 1969
Deshayes, J. (sous la direction de), *Le Plateau iranien et l'Asie centrale, des origines à la conquête islamique,* Paris, CNRS, 1978
Desroches-Noblecourt, C., *Toutankhamon et son temps,* Paris, Hachette, 1967
Desroches-Noblecourt, C. et Kuentz, C., *Le Petit Temple d'Abou Simbel,* Le Caire, Centre de documentation, 1968
Dictionnaire archéologique de la Bible, Paris, Fernand Hazan, 1970
Dictionnaire archéologique de la Gaule, époque celtique, 2 vol., publié par la commission instituée au ministère de l'instruction publique et des beaux-arts, Imprimerie Nationale, 1875-1878-1919
Doblhofer, E., *Le déchiffrement des écritures,* Paris, Arthaud, 1959
Ducroq, A., *La science à la conquête du passé,* Paris, Plon, 1955
Dumas, F., *Epaves antiques,* Paris, Maisonneuve, 1964
Dupont-Sommer, A., *Les Ecrits Esséniens découverts près de la mer Morte,* Paris, Payot, 1964
Duval, P.-M., *Les Celtes,* Coll. L'Univers des Formes, Paris, Gallimard, 1977
Duverger, C., *L'origine des Aztèques,* Paris, Seuil, 1983
Edwards, I.E.S., *Les pyramides d'Egypte,* Paris, Librairie Générale Française, 1967
Effenterre, H. Van, *La seconde fin du monde, Mycènes et la mort d'une civilisation,* Toulouse, Ed. des Hespérides, 1974
Eggebrecht, A., *L'Egypte ancienne,* Paris, Bordas, 1986
Encyclopédie d'Archéologie de Cambridge, Paris, Ed. du Fanal, 1981
Eydoux, H.-P., *A la recherche des mondes perdus, les grandes découvertes archéologiques,* Paris, Larousse, 1967
Eydoux, J.P., *Monuments et Trésors de la Gaule,* Paris, Plon, 1958
Fagan, B., *L'aventure archéologique en Egypte,* Paris, Pygmalion, 1981
Février, J.G., *Histoire de l'écriture,* Paris, 1948
La Fortification dans l'histoire du monde grec, actes du colloque du CNRS, 1982, Valbonne, CRA, 1985
Fossey, C., *Manuel d'Assyriologie,* Paris, E. Leroux, 1904
Frédéric, L., *Manuel pratique d'archéologie,* préface de Guy Rachet, Paris, Laffont, 1978
Gabriel, A., *Monuments turcs d'Anatolie,* Paris, De Boccard, 1931-1934
Gardin, J.-Cl., *Une archéologie théorique,* Paris, Hachette, 1979
Garelli, P., *Le Proche-Orient Asiatique, des origines aux invasions des Peuples de la Mer,* Coll. Nouvelle Clio, Paris, PUF, 1969
Garelli, P. et Nikiprowetzky, V., *Le Proche-Orient Asiatique,. Les Empires mésopotomiens, Israël,* Coll. Nouvelle Clio, Paris, PUF, 1970
Gaudio, A., *Les Etrusques, une civilisation retrouvée,* Verviers, Marabout, 1969
Genouillac, H. de, *Premières recherches archéologiques à Kish,* 2 vol., Paris, Geuthner, 1924-1925
Gianfrotta, P.A. et Pomey, P., *Archéologie sous la mer,* Paris, Nathan, 1981
Ginouvès, R., *L'archéologie gréco-romaine,* Paris, PUF, 1982
Goepper, R., *La Chine ancienne,* Paris, Bordas, 1988
Goyon, G., *Le Secret des bâtisseurs des grandes pyramides,* Paris, Pygmalion, 1977
Heurgon, J., *Rome et la méditerranée occidentale jusqu'aux guerres puniques,* Coll. Nouvelle Clio, Paris, PUF, 1969
Hintze, F. et U., *Les Civilisations du Soudan antique,* Paris, 1967
L'histoire et ses méthodes, Encycopédie de la Pléiade, Paris, Gallimard, 1961
Hubert, J., *Les Grandes Voies de circulation à l'intérieur de la Gaule mérovingienne d'après l'archéologie,* dans *Arts et vie sociale de la fin du monde antique au Moyen Age,* pp. 317-324, Genève, Droz, 1977
Hubert, J., Porcher, J. et Volbach, W.-F., *L'Empire carolingien,* Coll. L'Univers des formes, Paris, Gallimard, 1968
Hubert, J., Porcher, J. et Volbach, W.-F., *L'Europe des invasions,* Coll. L'Univers des formes, Paris, Gallimard, 1967
Huot, J.-L., *Iran I,* Coll. Archaeologia Mundi, Genève-Paris-Munich, Nagel, 1965
Jéquier, G., *Manuel d'archéologie égyptienne, Les éléments de l'architecture,* Paris, Picard, 1924
Jettmar, K., *L'Art des steppes,* Paris, Albin Michel, 1965
Joffroy, R., *Vix et ses trésors,* Paris, Tallandier, 1979
Joussaume, R., *Des dolmens pour les morts,* Paris, Hachette, 1985
Kammerer, A., *Pétra et la Nabatène,* 2 vol., Paris, Geuthner, 1930
Kosay, H.Z., *Les fouilles d'Alaca Höyük, 1937-1939,* Ankara, 1951
Laming-Emperaire, A., *L'archéologie préhistoire,* Paris, Le Seuil, 1963
Laming-Emperaire, A., *Origine de l'Archéologie Préhistorique en France,* Paris, Picard, 1964
Laming-Emperaire, A., *La signification de l'art rupestre paléolithique,* Paris, Picard, 1962
Laming-Emperaire, A., *Le Problème des origines américaines. Théories, hypothèses, documents,* Paris, Presses univ. de Lille, Cahiers d'archéologie et d'ethnologie d'Amérique du Sud, 1980
Larco Hoyle, R., *Pérou,* Coll. Archaeologia Mundi, Paris, Nagel, 1968
Latil, P. et Rivoire, J., *A la recherche du monde marin,* Paris, Plon, 1954
Lauer, J.-P. et Shoucair, A., *Saqqarah, la nécropole royale de Memphis,* Paris, Tallandier, 1977
Lauffray, J., *Karnak d'Egypte, domaine du divin,* Paris, CNRS, 1979
Leca, A.-P., *Les momies,* Paris, Hachette, 1976
Leroi-Gourhan, A., *Préhistoire de l'art occidental,* Paris, Mazenod, 1965
Leroi-Gourhan, A. et autres, *La préhistoire,* Paris, PUF, 1968
Le Roy, M., *Initiation à l'archéologie romaine,* Paris, Payot, 1965
Lot, F., *La Gaule,* Verviers, Marabout, 1967
Lukonin, V. G., *Iran II,* Coll. Archaeologia Mundi, Paris, Nagel, 1967
MacNeish, R. S. et autres, *Préhistoire de la vallée de Tehuacan,* 5 vol., Austin, Presses de l'université du Texas, 1967-1972
Macqueen, J. G., *Les Hittites. Aux origines de la Turquie,* Paris, Armand Colin, 1985

Maiuri, A., *Pompéi. Les nouvelles fouilles, la Villa des Mystères, l'Antiquarium,* Rome, Istituto poligrafico dello Stato, 1978
Margueron, H., *Mésopotamie,* Coll. Archaeologia Mundi, Paris, Nagel, 1965
Martin, R., *L'Urbanisme dans la Grèce antique,* Paris, Picard, 2e éd. 1982
Mellaart, J., *Catal Hüyük, une des premières cités du monde,* Paris, 1972
Mellaart, J., *Villes primitives d'Asie Mineure,* Paris-Bruxelles, s.d.
Metzge, H., *Anatolie II,* Coll. Archaeologia Mundi, Paris, Nagel, 1968
Michelet, D., *Amérique précolombienne: tendances actuelles de la recherche,* Encyclopaedia Universalis, 1984
Moberg, C. A., *Introduction à l'archéologie,* Paris, Maspero, 1976
Mongaït, A., *L'archéologie en URSS,* Moscou, Académie des Sciences de l'URSS, 1959
Montagu, A., *Les premiers âges de l'homme,* Verviers, Marabout, 1964
Montet, P., *Géographie de l'Egypte ancienne,* Paris, Klincksieck, 1957-1961
Montet, P., *Isis ou A la recherche de l'Egypte ensevelie,* Paris, Hachette, 1956
Montet, P., *Tanis,* Paris, Payot, 1942
Moret, A., *Le Nil et la Civilisation Egyptienne,* Paris, Albin Michel, 1937
Les origines de l'homme, Paris, Musée de l'Homme, 1976
Origine et évolution de l'homme, Paris, Laboratoire de préhistoire du Musée de l'Homme, Musée d'histoire naturelle, 1982
Moscati, S., *L'Epopée des Phéniciens,* Paris, Fayard, 1971
Niedeberger Betton, C., *Paléopaysages et archéologie préurbaine du bassin de Mexico,* Mexico, Centre d'études mexicaines et centraméricaines, 1985
Nims, C., *La Thèbes des pharaons,* Paris, Albin Michel, 1965
L'Or des Scythes, Paris, Ed. des Musées nationaux, 1975
Parrot, A., *L'archéologie,* Paris, Seghers, 1976
Parrot, A., *Archéologie Mésopotamienne,* 2 vol., Paris, Albin Michel, 1946
Parrot, A., *Assur,* Coll. Univers des Formes, Paris, Gallimard, 1961
Parrot, A., *Clefs pour l'archéologie,* Paris, Seghers, 1967
Parrot, A., *Mari, une ville perdue,* Paris, Ed. Je sers, 1936
Parrot, A., *Sumer,* Coll. Univers des Formes, Paris, Gallimard, 1960
Parrot, A., *Ziggurats et Tour de Babel,* Paris, 1949
Pelletier, A., *Lexique d'antiquités romaines,* Paris, Armand Colin, 1972
Pendelbury, J.D.S., *Les fouilles de Tell el Amarna,* Paris, Payot, 1936
Périn, P., *La datation des tombes mérovingiennes. Historique, méthodes, applications,* Genève, Droz, 1980
Picard, G. Ch. (sous la direction de), *L'archéologie,* Paris, Larousse, 1969
Piotrovsky, B. B., *Ourartou,* Coll. Archaeologia Mundi, Paris, Nagel, 1969
Platon, N., *Crète,* Coll. Archaeologia Mundi, Paris, Nagel, 1966
Posener, G., Sauneron, S. et Yoyotte, J., *Dictionnaire de la civilisation égyptienne,* Paris, Hazan, 1959
Prem, H. J. et Dyckerhoff, U., *Le Mexique ancien,* Paris, Bordas, 1987
Les premiers habitants de l'Europe (1 500 000-100 000 ans), Paris, Laboratoire de préhistoire du Musée de l'Homme, Musée d'histoire naturelle, 1981
Rachet, G., *Archéologie de la Grèce préhistorique, Troie, Mycènes, Cnossos,* Verviers, Marabout, 1969
Rachet, G., *Dictionnaire de l'Archéologie,* Paris, Robert Laffont, 1983
Rachet, G., *L'univers de l'archéologie; technique, histoire, bilan,* 2 vol., Verviers, Marabout, 1970
Rehork, J., *Recherche fascinante. L'archéologie moderne,* Verviers, Marabout, 1976
Ritter, R., *L'Architecture militaire du Moyen Age,* Paris, Fayard, 1974
Rivet, P., *Les origines de l'homme américain,* Paris, Gallimard, 1957
Rutten, M., *Babylone,* Coll. Que sais-je?, Paris, PUF, 1966
Saint-Blanquat, H. de, *La datation du passé,* Monte-Carlo, Ed. du Cap, 1967
Salin, E., *La Civilisation mérovingienne d'après les sépultures, les textes et le laboratoire,* 4 vol., Paris, Picard, 1950-1959
Sauneron, S., *L'Egyptologie,* Coll. Que sais-je?, Paris, PUF, 1969
Schliemann, H., *Mycènes, récits de recherches et découvertes faites à Mycènes et Tirynthe,* Paris, 1879
Schmökel, H., *Sumer et la civilisation sumérienne,* Paris, Payot, 1964
Schnapp, A. (sous la direction de), *L'archéologie aujourd'hui,* Paris, Hachette, 1980
Sourdel, D. et J., *La Civilisation de l'Islam classique,* Paris, Arthaud, 1962
Soustelle, J., *Les Olmèques, La plus ancienne civilisation du Mexique,* Paris, Arthaud, 1966
Soustelle, J., *Les Mayas,* Coll. L'Odyssée, Paris, Flammarion, 1982
Talbot-Rice, T., *Les Scythes,* Paris, Arthaud, 1958
Touchard, M.-Cl., *L'archéologie mystérieuse; voyage à travers les découvertes, les hypothèses et les rêveries de l'archéologie romantique,* Paris, Denoël, 1972
Vaillant, G. C., *Les Aztèques du Mexique,* Paris, Payot, 1951
Waldeck, F. de *Voyage pittoresque et archéologique dans la province du Yucatan,* Paris, 1838
Wheeler, M., *L'Inde avant l'histoire,* Bruxelles, Elsevier Séquoia, 1967
White, A. T., *Les Grandes découvertes de l'Archéologie,* Verviers, Marabout, 1962
Whitehouse, R. et Wilkins, J., *L'aube des civilisations,* Paris, Bordas, 1987
Wooley, C. L. et Lawrence, T. E., *Le désert de Sin,* Paris, Payot, 1937

Sources des illustrations

Couverture Gérard Huerta
2-3 New York Public Library
7 Jonathan Blair
8-9 James L. Stanfield (National Geographic)
10 Kerry Hayes
10-11 Keith Philpott
11 Gordon W. Gahan
12-13 Michael A. Hampshire
14 Otis Imboden (National Geographic)
15-16 Michael A. Hampshire
17 Georg Gerster
18 Adam Woolfitt
19 haut Society of Antiquaries, Londres
19 bas National Geographic Publications
20 Extrait de *The Ancient History of Wiltshire* de sir Richard Colt Hoare, Library of Congress
20-21 Patrick Ward
22-23 Musée National de Copenhague
23 *John Tradescant le Jeune et Roger Friend* d'Emmanuel de Critz, Ashmolean Museum, Oxford
24 haut Columbia University, New York (Lee Boltin)
24 bas Extrait de *The Hornet*, 22 mars 1871, Ardea, Londres
24-25 John Reader
25 Musée National de Copenhague
26 Propriétaire inconnu
27 Extrait de *Voyage au Cambodge* de Louis Delaporte, 1880, Library of Congress
28-29 Thomas Blackshear
30 Extrait de *Collection of Engravings from Ancient Vases...* de sir William Hamilton, 1791 (d'après C.H. Kniep), Virginia State Library
31 haut Ira Block
31 bas British Museum
32-33 Musée Benaki, Athènes (Thomas Horner)
34 Robert Harding Picture Library
35 *Temporary Elgin Room* d'A. Archer, British Museum
36-37 British Museum (Ira Block)
37 Michael A. Hampshire
38 National Geographic Publications
38-39 Gordon W. Gahan
40 haut Extrait de *Views in Egypt...* de Luigi Mayer, 1804, Library of Congress
40 bas Fred J. Maroon
40-41 British Museum, Robert Harding Picture Library (David Roberts)
42 Searight Collection
43 haut Dominique V. Denon, *Voyages en Egypte*, Bibliothèque Nationale, Paris
43 au centre Archives Bettmann (M.H. Orange)
43 bas British Museum
44-45 Farrell Grehan
46 haut British Museum, Robert Harding Picture Library
46 bas Extrait de *The Great Belzoni* de Stanley Mayes, 1959, National Geographic Library
47 Georg Gerster
48-49 Extrait de *Six New Plates...* de G.B. Belzoni, 1822, New York Public Library
49 haut Extrait de *Researches and Operations of Giovanni Battista Belzoni in Egypt and Nubia*, 1820, National Geographic Library
49 bas Searight Collection
50-51 Georg Gerster
52-53 *General views of the Island of Philae, Nubia* de David Roberts, Society of Antiquaries, Londres
53 Georg Gerster
54 BBC Hulton Library
54-55 British Library
56-57 Thomas Blackshear
58 James P. Blair, National Geographic
58-59 Georg Gerster
59 Extrait de *A Short History of Archaeology* de Glyn Daniel, 1981
60-61 James L. Stanfield, National Geographic
61 National Geographic Publications
62-63 British Museum (Ira Block)
63 Georg Gerster
64-65 Jean Dufour
66 British Library
67 British Museum
68 Searight Collection
68-69 Mansell Collection, Londres
69 droite British Museum (Ira Block)
69 bas Extrait de *Illustrated London News*, 28 février 1852
70 Extrait de *A Short History of Archaeology* de Glyn Daniel, 1981
70-71 The Searight Collection
71 British Museum
72-73 Musée de Léningrad (V. Dorokhov, VAAP)
73 National Geographic Publications
74-75 haut Extrait de *Campi Phlegraei* de sir William Hamilton, 1776, Library of Congress (Victor R. Boswell Jr, National Geographic)
74-75 bas Ecole nationale supérieure des Beaux-Arts
76-77 haut Jonathan Blair, Black Star
76-77 bas gravure de Charles François Mazois, Deutsches Archäologisches Institut, Rome
77 Wayne McLoughlin
78 Mary Evans Picture Library
78-79 O. Louis Mazzatenta, National Geographic
80-81 Cheryl Nuss
81-85 O. Louis Mazzatenta, National Geographic
86-87 Thomas Blackshear
88 National Geographic Publications
88-89 Ian Berry, Magnum
90 Ivor Noël Hume
91 Musée de Londres
92-93 Ira Block
94-95 Centre de documentation de la Préhistoire alpine, Grenoble (94, H. Müller)
96 Albert Moldvay
97 haut National Geographic Publications
97 bas Extrait de *Reliquiae Aquitanicae* d'Edouard Lartet et Henry Christy, 1875, Library of Congress
98-99 Jean Vertut
100 gravure de J. Kornerup, Musée National, Copenhague
101 Salisbury and Wiltshire Museum
102 bas Musée universitaire des Antiquités nationales, Oslo
102-103 Ted Spiegel
104-105 Thomas Blackshear
106 Three Lions
107 Robert Caputo

108 National Geographic Publications
108-109 *Outer Court of the temple of Edfou, Egypt* de David Roberts, Collection Frank Bicknell, Esq., Londres
110 Farrell Grehan
111 haut Musée Egyptien, Le Caire (Emile Brugsch)
111 bas Extrait de *Century Illustrated Magazine*, mai 1887
112-113 Thomas J. Abercrombie, National Geographic
113 Extrait de *The Manners and Customs of the Ancient Egyptians* de sir John Gardner Wilkinson, 1883, National Geographic Library
114 Searight Collection
114-115 BBC Hulton Library
115 bas Illustrated London News Picture Library
116 Extrait de *A Thousand Miles up the Nile* d'Amelia B. Edwards, 1888, National Geographic Library
117 National Geographic Collection (Photographe inconnu)
118 Palestine Exploration Fund
118-119 Jodi Cobb, National Geographic
120 Deutsches Archäologisches Institut, Athènes
121 gauche Mansell Collection, Londres
121 droite National Geographic Publications
122-123 Ira Block
124 haut Gordon W. Gahan
124 bas Ekdotike Athenon S.A.
125-127 Deutsches Archäologisches Institut, Athènes
127 Ira Block
128 Musée Archéologique National, Athènes (Gordon W. Gahan)
128-129 Ekdotike Athenon S.A.
130-131 Deutsches Archäologisches Institut, Athènes
131 Ekdotike Athenon S.A.
132-133 Thomas Blackshear
134 gauche Extrait du *Codex Borbonicus*, Akademische Druck und Verlagsanstalt, Graz, Dumbarton Oaks (Victor R. Boswell Jr, National Geographic)
134 droite British Museum
135 haut Extrait de *Ancient Monuments of the Mississippi Valley* de E.G. Squier et E.H. Davis, 1848, National Geographic Library
135 bas Ohio Historical Society
136 Georg Gerster, Photo Researchers
137 haut National Geographic Publications
137 bas Peabody Museum, Harvard
138-139 John J. Eagan, Saint-Louis Art Museum
139 Denver Museum of Natural History
139 gauche Jesse D. Figgins
140-141 Danny Lehman
142-143 *Broken Idol at Copan* de Frederick Catherwood, 1844, New York Public Library
143 haut *Archway, Casa del Gobernador, Uxmal* de Frederick Catherwood, 1844, New York Public Library
143 bas Peabody Museum, Harvard
144-145 Extrait de *Les Anciennes villes du Nouveau Monde*, 1885, The Robert Goldwater Library, Metropolitan Museum of Art (Victor R. Boswell Jr, National Geographic)
145 droite Désiré Charnay, New York Public Library
146 haut Extrait de *My Adventures in Zuni* de Frank H. Cushing, 1970
146 bas et 147 Smithsonian Institution (147, Joseph H. Bailey, National Geographic)
148 E.C. Erdis
149-151 Hiram Bingham
151 bas *Yale Peruvian Expedition Papers,* Yale University Library (Victor R. Boswell Jr, National Geographic)
152-153 Hiram Bingham
154-155 David Louis Olson
156 Lee Boltin
156-157 David Brill
158-159 University Museum, Philadelphie
160 Gordon W. Gahan
161 Deutsches Archäologisches Institut, Athènes
162 *Pergamon with Oxen* de Christian Wilberg, 1879, Deutsches Archäologisches Institut, Istamboul
162-163 Elisabeth Steiner, Deutsches Archäologisches Institut, Istamboul
163 bas Antikenmuseum, Berlin
164 National Geographic Collection (photographe inconnu)
165 haut National Geographic Publications
165 bas et 166 haut Georg Gerster
166-167 Geoffrey Biddle
168-169 Georg Gerster
170 gauche Michael A. Hampshire
170 droite Staatliche Museen zu Berlin
170-171 Bettmann Archive
171 Linda B. Meyerriecks, National Geographic
172-173 haut Egypt Exploration Society
172-173 bas Extrait de *Diospolis Parva* de Flinders Petrie, 1901, Library of Congress
174-175 Ekdotike Athenon S.A., Musée Archéologique de l'Hérakleion, Crète
176-177 Gordon W. Gahan
177 et 178 haut Ashmolean Museum
178 bas Gordon W. Gahan
179 haut Ashmolean Museum
179 bas Ira Block
180 gauche Extrait de *The Annual of the British School of Athens,* 1902-1903, Library of Congress
180 droite Ekdotike Athenon S.A., Musée Archéologique de l'Hérakleion, Crète
181 Ira Block
182-183 Arthur E. Pierson, The Oriental Institute, University of Chicago
183 droite Neilson C. Debevoise
183 bas Gianni Tortoli
184 Metropolitan Museum of Art
184-185 British Museum
186-187 Matthew W. Stirling
188 Extrait de *Urbanization at Teotihuacan, Mexico* de René Millo, 1973, National Geographic Library
188-189 O. Goldner, Photo Researchers
189 bas National Geographic Collection (photographe inconnu)
190-191 Horst Munzig, Susan Griggs
192 haut National Geographic Library
192 bas National Geographic Collection (photographe inconnu)
193 H.N. Sweet, National Geographic Library
194 Peabody Museum, Harvard University: Otis Imboden, National Geographic Photographer, et Hillel Burger
195 haut Bates Littlehales, National Geographic Photographer
195 bas F.P. Orchard, Peabody Museum, Harvard
196 Carnegie Institution
197 haut David Alan Harvey, National Geographic
197 bas Peabody Museum, Harvard
198-199 Richard H. Stewart
200 haut Charles Martin
200 bas O.C. Havens
200-201 Walter Meayers Edwards
201 bas National Geographic Publications
202-203 Dewitt Jones
204 haut Albert Moldvay
204 bas American Museum of Natural History
205 William Belknap Jr
206 haut Colonial Williamsburg Foundation
206 bas Swem Library, College of William and Mary
207 Linda Bartlett
208 Colonial Williamsburg Foundation
208-209 Linda Bartlett
210-211 Kay Chernush
211 bas Sisse Brimberg, Woodfin Camp
212 haut Santa Barbara Museum of Natural History
212 bas Smithsonian Institution
212-213 Peter Howorth
214-215 Griffith Institute, Ashmolean Museum
216-217 Metropolitan Museum of Art
218 *The Times*
219 haut Farrell Grehan, FPG
219 bas Chistopher A. Klein, National Geographic
220-221 Wide World
221 haut Metropolitan Museum of Art
221 au centre National Geographic Publications
221 bas Metropolitan Museum of Art
222 Musée Egyptien, Le Caire: Emile Brugsch
223 James E. Harris
224-225 Georg Gerster
226-227 British Museum
227 droite University Museum, Philadelphie
228-229 Society of Antiquaries, Londres
229 gauche Ira Block
229 droite Council of the Dorset Natural and Archaeological Society, Dorset County Museum, Dorchester, Dorset (Ira Block)
230 gauche Extrait de *Mohenjo-Daro and the Indus Civilization* de sir John H. Marshall, 1973
230-232 Dilip Mehta, représentant de Woodfin Camp et Associés
233 haut James P. Blair, National Geographic
233 bas National Geographic Publications
234-235 Musée National du Pakistan, Karachi: James P. Blair, National Geographic
234 bas gauche Robert Harding Picture Library
236 British Museum
237 National Geographic
238 C.W. Phillips
238-239 B. Wagstaff, British Museum
240-241 Ira Block
242-243 Photo Source, Central Press
244 Jean Vertut
245 René Burri, Magnum
246 Three Lions
247 bas Musée préhistorique Moesgaard, Aarhus: Ira Block
248 haut Illustrated London News Picture Library
248 bas Scarborough Borough Council
249 David Scharf, Peter Arnold Inc.
250-251 Wayne McLoughlin
252-253 Zbigniew Jan Lutyk, National Geographic
253 au centre National Geographic Publications
253 bas Musée archéologique de l'Etat, Varsovie
254 haut W. Robert Moore
254-255 James P. Blair, National Geographic
256-257 Palphot Ltd, Israël (B. Rotenberg)
257 Père R. de Vaux, Ecole Biblique et Archéologique Française de Jérusalem
258-259 British School of Archaelogical Museum: Nathan Benn
260 National Geographic Publications
260-261 Georg Gerster
262 David S. Boyer, National Geographic
263 Gordon W. Gahan
264-265 Steven C. Wilson, Entheos
265 National Geographic
266-267 University Museum, Philadelphie
268 Peabody Museum, Harvard
268-269 Rob Blount, Florida State Museum
270-271 CNRS, Centre Camille Jullian (Chéné)
272 Société Cousteau
272-273 Jacques Ertaud
273 B. Anthony Stewart
274-275 Musée Wasa, Stockholm
275 haut Musée Wasa, Stockholm: Winfield Parks
276-277 Musée Wasa, Stockholm, Ira Bloek
278 haut Luis Marden
278 bas National Geographic
279 haut D.D. Denton, Nautical Archaeology, Université Texas A&M
279 bas Luis Marden
280-282 William R. Curtsinger
283 Jonathan Blair
284-285 Michael A. Hampshire
286 Centre canadien des eaux intérieures
286-287 Emory Kristof, National Geographic
287 bas Hamilton-Scourge Foundation, Hamilton, Ontario: Emory Kristof, National Geographic
288-289 Bates Littlehales, National Geographic
290 Jonathan Blair
291 haut Ira Block
291 bas Susan Womer Katzev
292 haut Louie Psihoyos
292 bas Magdalene College, Cambridge
292-293 The Mary Rose Trust
293 Andrew Fielding, The Mary Rose Trust